EXPLORATEUR D'OCÉANS

Création graphique de la couverture : Éléonore Gerbier
Photographie de couverture : © Xavier Desmier

Les éditions Paulsen sont une société du groupe Paulsen Media

JEAN-LOUIS ÉTIENNE

EXPLORATEUR D'OCÉANS

La vie, un vaste territoire d'incertitudes
et autant de promesses à explorer.

Paulsen

« Le monde se meurt par manque d'imprudence. »
Jacques Brel

« La lutte elle-même vers les sommets
suffit à remplir un cœur d'homme. »
Albert Camus

PROLOGUE

J'ai grandi à la campagne et la nature était mon refuge, une toise aux défis que je m'inventais. Sans que je sache pourquoi, c'est toujours en « expédition » que je m'imaginais. À 14 ans, j'avais établi une liste de matériel pour aller camper dans les Pyrénées en hiver. Pourquoi en hiver ? Ce fut d'abord la neige qui a bercé mes rêves d'enfant. La neige c'est l'hiver, l'âtre, l'intériorité qui allait à l'âme du garçon que j'étais, intrépide et timide. Plus tard, j'ai découvert la mer, pas la plage imbécile, torture de ma jeunesse, mais le large. Cette part inhabitée de la Terre s'est ouverte à moi comme un immense espace de liberté. L'océan m'offrait bien plus encore, des rêves de bateaux à construire pour naviguer vers d'infinis horizons.

Après de nombreuses navigations, j'appris à penser en marin ; je me sentais apte à entreprendre des expéditions sur les océans avec mon propre bateau. Dans le garage de mes pensées, il y a toujours eu une construction en cours. J'adore les outils et mon premier réflexe a invariablement été de bricoler, bâtir, construire moi-même, je suis instinctivement autonome. Les expéditions m'ont conduit à imaginer des vaisseaux inattendus : ainsi sont nés *Antarctica, Polar Observer,* le dirigeable et la rozière pour l'exploration de l'océan Arctique, et bientôt *Polar Pod* conçu pour l'étude de l'océan Austral.

Il y a plus de quarante ans que les régions polaires sont sur ma trajectoire, ce qui m'a très tôt éclairé sur le rôle majeur que ces aires glacées, si loin de tout, jouent sur l'équilibre énergétique de la planète. En 1990, de retour de l'expédition internationale TransAntarctica, je participai avec Claude Lorius, célèbre glaciologue, à une conférence sur l'Antarctique. Grâce à l'analyse de carottes de glace prélevées sur le Continent Blanc – correspondant à un million d'années d'archives du climat –, il mettait clairement en évidence une ascension rapide du réchauffement climatique depuis le début de l'ère industrielle. Et il avait prononcé cette phrase percutante : « le processus est enclenché ». La pertinence de ces deux termes m'avait éclairé et alerté sur l'ampleur et l'inertie du phénomène. Une pressante nécessité s'imposait. J'avais gagné la légitimité et la force d'en parler, *Antarctica* était à flot, le temps était venu de m'engager sur les océans.

Partie 1

LA DÉCOUVERTE DE LA MER

La mer, ouverte sur le monde, répondait à mes attentes d'engagement et de liberté.

I

L'appel insoupçonné de la mer

Méditerranée, 1974

Il était à peine 10 heures du matin, et nous roulions depuis presque trois heures. Mon père aimait partir tôt. Je me tenais serré, avec mes deux sœurs, à l'arrière de la 4 CV Renault qui était sa fierté ; sa première automobile. Il s'arrêta sur le bord de la route et on en sortit rapidement pour se dégourdir les jambes.

– Les enfants, regardez ! dit-il en tendant le bras.

Mon père avait prévu une halte à cet endroit précis de La Clape, le massif du Narbonnais qui surplombe la Méditerranée. Pour la première fois, je voyais la mer. J'avais 10 ans. Ce qui m'a le plus surpris, c'est la ligne parfaite de sa frontière avec le ciel. Jamais je n'avais vu un horizon aussi plat, dégagé à l'infini. Aujourd'hui encore, cette image est gravée dans ma mémoire.

De cette première rencontre avec l'eau salée, je me souviens des leçons de natation, les mouvements de brasse désordonnés, rapides pour ne pas couler, le menton tenu hors de l'eau dans le creux de la main de mes parents, attentifs et soucieux de nous apprendre au plus vite à nager. Après le pique-nique sur le sable, on passa un long moment à se rôtir sur la plage en attendant pendant trois heures que la digestion soit bien entamée pour ne pas risquer l'hydrocution, risque de mort brutale qui hante le baigneur recuit sous le soleil méridional.

Nous sommes rentrés le soir même à Castres la peau brûlante, rouge de coups de soleil.

Nous y retournions quelques fois pendant l'été et, comme pour une majorité des Français qui habitent dans les terres, le séjour à la mer c'était la plage et je n'aimais pas ça du tout. Par pudeur, et aussi par timidité, je redoutais cette concentration de corps embaumés, étalés côte à côte. Adolescent, la mer n'était à mes yeux qu'un temps perdu à attendre sur la plage la baignade qui ne me procurait aucun plaisir. En revanche, la montagne était le lieu de mes rêves d'engagement, de bravoure. Mes héros étaient alpinistes, Lionel Terray, Walter Bonatti.

Quelques années plus tard, la mer allait pourtant s'ouvrir à moi sous d'autres horizons. Mon père avait été tailleur d'habit depuis l'âge de 12 ans, et ma mère vendeuse dans un magasin de confection. Pour compléter leur maigre retraite, ils avaient courageusement pris en gérance pendant l'été un petit camping au Barcarès, dans les Pyrénées-Orientales. J'étais étudiant en médecine et, avec mes sœurs, nous venions leur donner un coup de main. Pas très loin du camping, j'avais repéré un bout de plage sauvage où une vieille barque était échouée dans des touffes d'oyat, ces roseaux sauvages qui poussent en terrain sablonneux. Le soleil, le vent, le sel et l'abrasion du sable avaient blanchi la coque en bois sur laquelle n'apparaissait plus aucune trace de son nom ni de son immatriculation. Cette barque catalane avait certainement appartenu à un pêcheur de sardines et d'anchois qui ne devait plus être de ce monde. Je venais m'asseoir régulièrement sur le bordé encore solide du vestige de la pêche à la voile. J'y trouvais refuge. La mer devenait peu à peu familière, apaisante, invitante même et, en observant le large, j'eus la révélation qu'un immense espace de liberté s'ouvrait à moi. D'ici, on pouvait partir pour un tour de la planète. J'imaginais déjà quelques travaux de restauration pour redonner vie à cette épave et me lancer dans une navigation côtière. Regarder la terre depuis la part inhabitée du monde.

Ce ne fut pas un rêve vain. Quelques années plus tard, je fis le choix d'effectuer mon service national dans la Marine. Médecins, pharmaciens et dentistes, on nous réunissait à Libourne pour faire nos classes. En quelques semaines, on nous enseignait la médecine de guerre. En résumé : prendre d'abord soin des blessés légers afin qu'ils puissent vite repartir au combat. À l'issue de cette préparation, une liste de postes était publiée, dans laquelle nous choisissions à tour de rôle en fonction de notre classement à l'examen final. J'avais en tête de partir sur un navire militaire, de découvrir la navigation, mais aucun embarquement ne fut proposé. Alors j'optai pour « médecin des gens de mer aux Affaires maritimes de Marseille ».

Je passai dix mois d'un travail peu harassant qui me laissait du temps pour grimper dans les Calanques et visiter les petits ports alentour. Au hasard de mes rencontres, je découvrais avec enthousiasme une population de constructeurs de bateaux amateurs. C'était pour moi un monde nouveau plein de promesses. Je devins un lecteur assidu de *Loisir nautique*, magazine qui est au charpentier de marine amateur ce que *Système D* est au bricoleur en tout genre. Je me prenais à rêver du plan d'un futur bateau. Avec ma première formation de tourneur-fraiseur et mon goût pour les travaux manuels, je devrais bien arriver à quelque chose. Dès que j'avais du temps libre, je retournais sur ces chantiers. Tous travaillaient dur, portés par la perspective de partir pour un tour du monde. Certains s'acharnaient depuis plusieurs années, en alternance avec un travail régulier pour gagner leur vie et acheter matériaux et équipements nécessaires au bateau. Curieux et plein d'enthousiasme, j'interrogeais ces artisans du rêve.

– Tu sais, me dit l'un d'eux avec qui je partageais un moment de pause, quand tu as fini la coque, tu as l'impression d'avoir devant toi ton futur bateau, mais tu n'as fait qu'un tiers du boulot.

Ils disaient tous la même chose, ce qui calmait mes ardeurs de bâtisseur, mais pas mon envie de prendre la mer.

En tant que médecin des gens de mer, j'assurais les visites médicales du personnel navigant et des pêcheurs. Un matin, l'équipage du *Rara Avis* se présenta devant moi. On sympathisa et je fus invité à bord. Le *Rara Avis* était l'un des bateaux du père Jaouen qui avait d'abord été aumônier de la prison de Fresnes, avant de s'engager auprès des jeunes en difficulté, pour lesquels il avait fondé un foyer d'accueil. Tous les ans, il embarquait sur ses deux trois-mâts – le *Bel Espoir* et le *Rara Avis* –, des jeunes en réinsertion, des toxicomanes repentis, des sortis de prison auxquels il proposait de renouer avec une vie active au grand air, loin des fournisseurs et des tentations.

Un jour, de passage sur le *Rara Avis,* j'eus la chance de le croiser. À sa voix puissante, à sa stature, à son regard, je compris que je venais de rencontrer le phénomène.

– Quand vous aurez terminé votre service aux gens de mer, me dit le Menhir d'Ouessant, on peut vous embarquer comme médecin pour la prochaine traversée de l'Atlantique à bord du *Bel Espoir*.

La mer était inscrite sur ma trajectoire et rien ne pourrait m'arrêter.

II

Bel Espoir, MON PREMIER OCÉAN

Plymouth-New York, 1976

Un an plus tard, j'arrivais sur le quai du Havre où l'équipage du *Bel Espoir* préparait le départ.

– Qu'est-ce que tu transportes dans toutes ces caisses ? m'interrogea le père Jaouen.

– La pharmacie et un minimum de matériel d'intervention chirurgicale.

– Il y a un truc à ne pas oublier, les Tampax, indispensables, les jeunes toxicos n'y pensent plus et les règles reviennent quand ça va mieux. Et tu as au moins des pilules dans tout ce bazar ?

– Des pilules de quoi ?

– Je dis des pilules, mais aussi des préservatifs. Tu vas voir, quand on arrivera vers les Canaries et qu'il commencera à faire beau, tout le monde va retrouver la santé, ça va baiser et je ne veux pas d'emmerdes !

J'ai trouvé un pharmacien compréhensif sur le port du Havre qui m'a donné quelques boîtes de contraceptifs, que je n'ai d'ailleurs jamais eus à prescrire. Nous avons embarqué une population très hétéroclite, une trentaine de personnes : de jeunes toxicomanes et petits délinquants, la famille du célèbre lithographe danois Peter Bramsen, son épouse et leurs quatre enfants, un couple de retraités du métro parisien et un tétraplégique accompagné de sa fille. Une véritable Arche de Noé, un mélange que Michel Jaouen maîtrisait à merveille et qui constituait à ses yeux le meilleur ferment de la réconciliation sociale.

Cette année-là, la traversée de l'Atlantique ne se fit pas dans l'anonymat. Le *Bel Espoir* représentait la France dans la *Tall Ships' Races*, une course des grands voiliers-école organisée par les Anglais. Elle se déroulait en plusieurs étapes : Plymouth-Tenerife-Bermudes-Newport au sud de Boston. À Plymouth, on nous attribua un emplacement sur un quai à l'écart des manifestations officielles, ce qui n'empêcha pas les organisateurs de venir nous saluer. L'un d'eux nous gratifia d'ailleurs d'un encouragement à l'humour très britannique :

– Hé les gars, personne ne perd dans cette course… à moins de couler ! Et il éclata de rire en continuant ses déambulations sur ce quai de deuxième zone.

Le départ fut donné le 2 mai dans une abondance de coups de canon qui obscurcissaient le ciel de fumées jaunes et noires. La mer sentait la poudre. Le départ fut émouvant. Nous étions le Petit Poucet au milieu d'une armada de géants : l'espagnol *Juan Sebastián Elcano*, le norvégien *Christian Radich*, l'anglais *Sir Winston Churchill*, l'américain *Eagle*, et des dizaines d'autres. J'étais impressionné par le *Krusenstern*, un quatre-mâts soviétique de 115 mètres et son équipage de 250 marins. De loin, on les voyait grimper telles des fourmis dans la mâture, se déployer sur les vergues pour larguer les voiles carrées qui tombaient en cadence, comme des rideaux sur une scène de théâtre, impressionnant, inoubliable. Au bout de quelques heures, nous nous sommes trouvés sur une mer qui me parut déjà bien agitée.

Le *Bel Espoir* est un navire de commerce de la mer Baltique – un Baltic Trader. Sa coque ronde et son faible tirant d'eau lui évitaient de se faire écraser par la banquise en hiver. « Bon rouleur, bon marcheur » était sa devise. Moi j'ai chaviré pendant toute la traversée du golfe de Gascogne, pris d'un mal de mer sans répit. Inutile de faire appel au médecin, j'étais dans un état pitoyable, incapable de tenir debout. Ce fut un baptême sévère. La leçon que j'en ai tirée est profitable à tous : manger des pommes et des bananes, les mastiquer longtemps afin de soulager le travail de l'estomac ; ce sont des fruits nourrissants qui ont en plus l'avantage d'avoir le même goût à la sortie.

Une fois franchi le cap Finisterre, à la pointe ouest de l'Espagne, le temps devint plus clément et la mer aussi. Nous avancions lentement à la voile et je découvrais enfin le plaisir d'être en mer, de glisser en silence sur les flots à la seule force du vent. Nous n'avions aucune obligation de vitesse, les cérémonies officielles à Tenerife ne nous attendaient pas, et Michel Jaouen décida de faire escale à Funchal, sur l'île de Madère. C'est là qu'il se ravitaillait en viande et en poisson tous les ans avant chaque traversée de l'Atlantique. Il mit en garde sa tribu qui débarquait à terre :

– Attention, les gars, des vendeurs de came connaissent bien la clientèle du bateau et ils rôdent sur le port. Je vous demande d'être vigilant et de respecter l'engagement que vous avez pris. Ce n'est pas moi que vous trahirez, c'est vous-même.

Il n'était pas question de les surveiller ou de les contrôler, mais je m'interrogeais : combien allaient résister à la tentation ? Un seul faillit. Michel dut aller le chercher au commissariat de police ; ça faisait partie des péripéties du voyage auquel il était habitué.

À Tenerife où l'on avait rejoint l'armada, le père Jaouen nous quitta sans m'en avoir parlé préalablement :

– Je te laisse avec la troupe, je rentre en France, j'embarque sur le *Rara Avis*. Nous vous rejoindrons à New York.

Michel me confiait la responsabilité d'une population en sevrage forcé, confinée sur un bateau au milieu de l'océan. Je n'étais cependant pas totalement démuni. Durant mon service national à Marseille, j'avais pris des gardes dans une clinique qui accueillait des toxicomanes. Je connaissais le milieu des prisonniers de la drogue, leur vocabulaire et leurs stratégies pour arriver à leurs fins : séduction, mensonges, chantages, vols, trahisons. Espoirs et déceptions se succèdent quand on s'engage à leur côté. À ces êtres en souffrance, égarés dans les chausse-trappes de la petite délinquance, Michel Jaouen offrait une petite lumière à ranimer. Il était souvent la dernière oreille, le garde-fou avant la rechute.

Nous avons emprunté les alizés qui soufflent des Canaries vers les îles des Caraïbes, ces vents portants que les Anglo-Saxons nomment les *trade winds*, les vents du commerce. Nous avions au moins deux semaines de mer jusqu'aux Bermudes. En 1976, on était loin d'imaginer l'existence future du GPS qui nous donnerait instantanément notre position, on la déterminait grâce aux astres. À l'aide d'un sextant, on relevait à plusieurs reprises la hauteur angulaire du Soleil sur l'horizon, en notant l'heure précise de la mesure. J'appris ainsi à faire le point pendant mes heures de quart, et connus la satisfaction de voir ma position se rapprocher de celle, précise, de l'équipage composé d'élèves officiers de la Marine marchande. J'étais aussi en charge des communications avec la terre. À cette époque, le téléphone satellite n'existait pas non plus. Nous communiquions par radio via un standard situé dans un village près de Toulouse, Saint-Lys, où étaient collectés tous les appels des navires français en mer. Nous étions invités à nous manifester toutes les demi-heures à l'appel du standard.

– À tous les navires en mer, Saint-Lys Radio à votre écoute.

Chaque bateau ayant une communication à passer se précipitait pour prendre rang et il ne fallait pas mollir si on voulait être entendu.

– Saint-Lys radio, Saint-Lys radio, Saint-Lys radio du *Bel Espoir* est-ce que tu me reçois ?

Notre radio n'était pas très puissante et nous étions rarement entendus dès la première fois.

– Saint-Lys radio, Saint-Lys radio, Saint-Lys radio du *Bel Espoir*...

– Oui *Bel Espoir* je te reçois faiblement, mais je te garde, n° 3.

En attendant notre tour, j'assistais à la communication des marins et leur famille, aux échanges de bonnes et autres nouvelles, sans aucune intimité. En fait, je n'y prêtais pas attention, l'oreille tendue sur le poste, attentif à l'appel de Saint-Lys qu'il ne fallait pas laisser passer. Je passais aussi du temps au grand air, perché dans la mâture, à consolider les enfléchures. J'adorais ce travail de cordage au lusin et son odeur goudronnée de vieille marine. J'ai conservé une de ces pelotes qui embaume mon bureau des souvenirs du large.

Tout se passa plutôt bien. Médecin du bord, j'avais essentiellement un devoir d'écoute et de veille afin de faire cohabiter durant des semaines, sur un horizon plat sans fin, cet équipage complexe et métissé. La vie à bord était un vrai chantier de réinsertion, imposant à chacun l'apprentissage d'une discipline personnelle et collective. Tous participaient aux quarts, de jour comme de nuit, et à la manœuvre des voiles qui, sur ce vieux gréement, se faisait à la force des bras. Il arrivait que les tensions montent, notamment les jours de calme plat durant lesquels le bateau n'avançait plus. L'ondulation molle du navire, l'ambiance alanguie activaient les impatiences. Dans ces cas-là, on affalait les voiles et organisait des plongeons par petits groupes dans une eau à 25 °C. La baignade apaisait les esprits et ramenait pour un temps calme et bonne humeur à bord.

Quand, après trois semaines d'océan, on arriva de l'autre côté de l'Atlantique, chacun posa le pied à terre en conquérant, fort d'une énergie retrouvée. Pour certains, la découverte de la mer avait créé des attaches dans le milieu maritime et des perspectives professionnelles. Une majorité avait refait le plein de forces et d'envie pour reprendre en main un destin confisqué par des égarements sur de fausses routes. Tous ne sortiraient pas du piège, mais la mer est une rupture avec le monde qui conduit à de longues heures de confrontations inévitables avec soi, à la construction progressive d'une résilience, à une restructuration personnelle, à plus de fierté et une confiance retrouvée.

Le clou du voyage nous attendait à New York où le *Bel Espoir* devait participer, le 4 juillet 1976, à la grande parade sur l'Hudson River qui célébrait le bicentenaire de l'Indépendance des États-Unis. Depuis quelques jours, le moteur montrait des signes de faiblesse et le capitaine s'inquiétait ; il ne voulait pas risquer la panne qui aurait semé la panique dans le défilé officiel.

Heureux hasard, nous avions reçu parmi nos visiteurs le propriétaire basque d'une petite compagnie de remorqueurs du port de New York. Il proposa de nous prendre à couple durant la parade, ce qui lui offrit l'opportunité d'embarquer famille et amis pour participer à cet événement exceptionnel.

Le jour J arriva. Le passage sous le pont Verrazzano-Narrows marquait l'entrée officielle dans la parade. Plus question d'improviser, nous avions reçu la consigne de garder strictement notre place au milieu de tous ces bateaux qui nous dépassaient en taille et en prestige. Plus on avançait, plus l'Hudson devenait étroit et la forêt de mâts se densifiait. Nous nous approchions des tours géantes de Manhattan et de la Statue de la Liberté, j'étais impressionné. À bord, on sentait chez tous la fierté de se trouver au cœur du réacteur de l'Amérique. « Il s'est pas foutu de notre gueule le père Jaouen ! » me dit l'un d'eux, qui revenait de loin.

Dans un cadre attaché verticalement aux haubans, notre tétraplégique souriait d'émerveillement ; sa fille, qui prenait soin de lui depuis le départ, était émue aux larmes. Soudain, Titus, le vieux chien berger du *Bel Espoir* (non déclaré à la douane) réussit à s'échapper de la cabine où on l'avait enfermé le temps de la cérémonie et, sans qu'on y prenne garde, sauta à l'eau. Un navire des garde-côtes fonça sur nous, hurlant dans un haut-parleur des ordres que personne ne comprenait. Ils essayaient d'attraper le chien à l'aide d'une grosse épuisette, mais Titus n'y rentrait pas. Pendant ce temps, on continuait d'avancer dans le cortège. Notre commandant demanda finalement de mettre le zodiac à l'eau pour aller le chercher. Ouf ! Une fois à bord, on l'enferma à double tour, car arrivait le moment solennel pour lequel des recommandations protocolaires avaient été données à l'équipage : « En passant devant le porte-avions John F. Kennedy, où se trouve le président Gerald Ford, vous ferez le salut officiel en abaissant trois fois les voiles d'avant. » Inutile de dire que depuis l'incident du chien, on était marqués à la culotte par le garde-côte. Le salut officiel fut assuré dans les règles de l'art. J'étais touché de voir que ces jeunes de la Jaouen Compagnie, plutôt rebelles et peu enclins à ce genre d'exercice, s'étaient collectivement mobilisés pour être à la hauteur de l'événement. J'étais amusé aussi de voir que le *Bel Espoir* était le seul navire battant pavillon français inscrit à la marge par le père Jaouen dans cette célébration internationale de l'Indépendance des États-Unis à laquelle un héros français, La Fayette, avait largement contribué[1].

Le lendemain, je débarquais du *Bel Espoir*. Il continuait sa route vers le Québec et prévoyait de revenir en France avec les vents d'automne. Moi, j'embarquais sur un tout autre navire. Michel me serra la main de sa franche et brute générosité. Je quittais, ému, cette communauté attachante que la mer avait pour quelque temps ressuscitée, des jeunes décidés à se prendre en main, prêts à appliquer l'adage que le père Jaouen[2] dispensait avec beaucoup d'humanité : « Démerdez-vous pour être heureux. »

1. Quarante ans plus tard, le 4 juillet 2015, la réplique du navire de La Fayette, *L'Hermione*, participera à la grande parade de New York.

2. Michel Jaouen est décédé le 7 mars 2016 à 95 ans. Le vieux marin d'Ouessant demeurera toujours un phare pour les terriens qui ont eu la chance de le côtoyer.

III

Tentative de record de l'Atlantique

New York, 1976

Quelques jours avant les célébrations du bicentenaire, Éric Tabarly avait débarqué en vainqueur aux États-Unis sur son *Pen Duick VI*. Alors qu'on était sans nouvelle depuis 24 jours, et que tous attendaient Alain Colas, Éric créa la surprise en remportant la Transat anglaise, la célèbre course en solitaire de Plymouth à Newport. L'exploit héroïque fut salué par tout un pays, de la Bretagne au plateau de Millevaches où certains habitants n'ont jamais vu la mer. C'était la deuxième victoire de Tabarly sur la Transat anglaise, après celle de 1964. C'était aussi sa revanche sur Alain Colas, un de ses anciens équipiers. Alain avait gagné l'édition précédente, en 1972, sur le trimaran *Manureva*, ancien *Pen Duick IV*, puis s'était illustré sur ce même bateau en battant le record du tour du monde en solitaire.

Éric pouvait d'autant plus savourer cette victoire qu'Alain Colas était un adversaire redoutable. Il s'était présenté au départ sur le *Club Méditerranée*, un quatre-mâts de 72 mètres – le *Pen Duick VI* en mesure 22 –, doté d'une voilure de 1 000 m^2. Colas était cependant très handicapé à la suite d'un grave accident : la chaîne de mouillage de son trimaran avait broyé sa cheville droite. Au départ de la course, on s'interrogeait sur sa capacité physique à manœuvrer seul un tel navire. Aux dires d'Éric, plutôt sobre et précis dans ses commentaires de mer, ce fut la plus éprouvante Transat qu'il ait connue. Cinq dépressions s'étaient succédé, avec des vents de face à plus de 60 nœuds. Sur le *Club Méditerranée* d'Alain Colas, ces violentes tempêtes avaient entraîné des ruptures de drisses et les voiles s'étaient affalées sur le pont. Souffrant le martyre, Alain avait décidé de faire une escale technique à Terre-Neuve où une partie de son équipe l'avait rejoint pour l'aider à réparer. Il arriva deuxième à Newport, 7 heures 28 minutes après Tabarly. Mais il fut pénalisé de 58 heures pour avoir bénéficié d'une assistance technique, et rétrogradé à la cinquième place. Colas perdait gros : Gilbert Trigano, le patron du *Club Méditerranée*, s'était engagé à poursuivre le partenariat uniquement s'il remportait la course. Tout était à refaire. Dépité, Alain cherchait un nouvel exploit pour sauver l'histoire.

Je me trouvais encore sur le *Bel Espoir* quand Jean-Louis Baju, le préparateur du bateau d'Alain Colas, vint me trouver. Baju avait plusieurs fois commandé les bateaux du père Jaouen et se trouvait en territoire connu. Il me fit part de ses inquiétudes :

– Alain Colas est très fatigué par cette Transat épuisante et il souffre d'une ostéite après les multiples interventions sur sa cheville. Il tient à tenter le record de l'Atlantique[3] et je serais rassuré si on avait un médecin dans l'équipe. Ce serait

3. Le record était détenu par Charlie Barr depuis 1905. Le marin écossais avait traversé l'océan à bord du trois-mâts *Atlantic,* en 12 jours 4 heures et 1 minute. Depuis 70 ans, de nombreuses tentatives avaient échoué, mais le pari était jouable. Et c'était l'occasion pour Alain Colas d'inscrire le *Club Méditerranée* dans l'histoire.

vraiment bien si tu embarquais avec nous. J'en ai parlé au père Jaouen qui m'a dit que tu devais débarquer.

– C'est vrai, je débarque. L'aventure me tente, mais je dois rentrer en France. Je me suis engagé à remplacer un médecin durant ses congés d'été.

Baju enchaîna.

– Ne t'inquiète pas, une bonne météo s'annonce et on devrait partir bientôt. On sera en France avant fin juillet.

– OK, je viens.

– C'est une bonne nouvelle qui va rassurer Alain.

Revenir au pays par la mer était une aventure maritime alléchante. Le hasard faisait bien les choses, il m'offrait une nouvelle occasion d'apprendre.

J'embarquai sur le *Club Méditerranée* et découvris, ébloui, ce long bateau effilé, élégant, qui me parut immense pour un homme seul. Dès le lendemain, la météo sur l'Atlantique étant favorable, Colas décida de partir. Quand toutes les voiles furent établies, on mit le cap sur le phare d'Ambrose. Vent de travers et toutes voiles dehors, le bateau, à peine gîté, filait à 25 nœuds. Bluffant. En passant la ligne fictive du départ, Alain Colas activa trois fois la corne, en forme d'encouragement. Une sorte d'« Allez les gars, maintenant on est en course pour un record à battre ».

Le vent ne mollit pas, et vers le milieu de la nuit suivante, on approchait de l'île de Sable, un croissant de sable sans relief qui affleure à la surface à 200 milles marins à l'ouest d'Halifax. Elle est entourée d'un plateau continental peu profond dont il faut rester à distance. Baju, qui naviguait à l'estime, demanda qu'on vire de bord, car, à 25 nœuds, l'échouage n'était plus très loin.

Le bateau amorça le virement et s'immobilisa dans l'axe du vent. Les huit voiles qui faseyaient secouaient les baumes à grand fracas. On abattit pour reprendre de la vitesse, mais rien à faire, le bateau ne voulait pas virer. La tension montait. Le temps semblait interminable. Baju hurla pour faire entendre l'urgence :

– Bordez les voiles arrière à contre !

On finit par virer de bord à la troisième tentative. C'était la nuit et on ne voyait rien, mais il était temps. Je compris à ce moment-là que Colas, en solitaire, même avec des grands-voiles et des focs baumés, n'aurait pas pu manœuvrer aussi facilement qu'il l'avait imaginé.

La météo attendue ne fut pas au rendez-vous et la traversée dura 17 jours, très loin du record de Charlie Barr.

Ces deux traversées de l'Atlantique ouvraient des routes insoupçonnées qui bousculaient l'imagination d'un terrien de la campagne. La mer mène partout.

IV

Tabarly, la course autour du monde

Pen Duick VI, *1977-1978*

C'était une journée de brouillard humide et froid de février. Je rentrais chez moi après une matinée à la faculté de médecine de Toulouse où j'étais assistant. J'encadrais les travaux pratiques en histologie des étudiants de deuxième année et, parallèlement, je suivais une formation en histopathologie pour diagnostiquer la présence de cellules malades dans les biopsies. Après les nombreux voyages qui avaient suivi mon internat en chirurgie, le professeur David m'avait proposé ce retour à la vie universitaire. Je louais un appartement, la première adresse à mon nom, ma première boîte aux lettres personnelle où je recevais d'ailleurs très peu de courrier. Sauf ce jour-là, où je fus surpris en l'ouvrant : une lettre m'attendait qui allait éclairer ma journée et bien au-delà. Au dos de l'enveloppe était écrit à la main et en tout petits caractères : *Éric Tabarly*. Je montai l'escalier le cœur battant.

Monsieur,

Si vous avez toujours le désir d'embarquer à bord de Pen Duick VI, *je peux vous prendre pour les courses Los Angeles-Honolulu-Auckland-Rio et Rio-Portsmouth. Voici en gros le programme : de fin mars au 15 mai croisières et régates aux Antilles. 15 mai passage du canal de Panama. 15 juin au plus tard, arrivée à Los Angeles. 2 juillet départ de la TransPacifique, arrivée à Honolulu vers le 11 juillet. Et après croisières dans le Pacifique pour être en Nouvelle-Zélande début décembre où on rejoindra la course autour du monde. Départ d'Auckland fin décembre et arrivée à Portsmouth en avril 1978.*

La lettre était datée du 17 février 1977. Il me proposait un départ en mer durant un an.

Un choix crucial.

Ma décision fut prise dans la seconde. Le lendemain, j'offris à lire cette précieuse lettre au professeur David. Il me regarda avec étonnement et sourit :

– À votre place, j'irais.

– Monsieur, c'est ce que j'ai choisi de faire.

– Bonne chance !

Au nombre de personnes qui vinrent m'interroger pour savoir si je libérais réellement le poste d'assistant, je compris que je quittais un parcours universitaire prometteur, que je ne retrouverais plus, mais la décision de partir résonnait pleinement au plus profond de moi.

Je savais maintenant où j'allais, sans vraiment deviner où cela me conduirait. Mais que vaut la raison sans les aspirations du cœur ?

Je rendis aussitôt les clés de cet appartement éphémère dans lequel, sur le mur de la chambre, j'avais écrit cette phrase prémonitoire empruntée à Bernard Moitessier : « On n'empêche pas une mouette de prendre le large. »

Avec mon petit hôpital de campagne comme seul bagage, je rejoignis *Pen Duick VI* à Fort-de-France. Éric Tabarly m'accueillit sobrement comme à son habitude :

– Bonjour, bienvenue à bord !

– Bonjour Monsieur.

Intimidé, je serrai sans plus de mots la main calleuse de cette légende vivante. Rendez-vous compte, j'embarquais sur *Pen Duick VI,* le mythique bateau de course. Titouan Lamazou eut avec moi une complicité spontanée entre hommes du Sud-Ouest et me présenta l'équipage. Je découvrais l'ambiance des bateaux de course où l'on vit les uns avec les autres en étroite proximité, où l'on dort sur des toiles tendues sur des cadres métalliques alignés et empilés côte à côte. Fatigué par le décalage horaire et la chaleur, je me reposai sur la bannette qui m'était attribuée. C'était assez surréaliste de se retrouver là, tout était allé si vite. Je n'avais pas revu Éric Tabarly, depuis notre brève rencontre un an auparavant, à l'aéroport de Rio.

En février 1976, en rentrant de Patagonie après une tentative d'ascension du Fitz Roy, j'avais appris que des bateaux de course faisaient escale à Rio et décidai de m'y arrêter avec l'idée de rejoindre la France par la mer. Les skippers que j'avais interrogés au Yacht-Club de Rio n'avaient pas besoin d'un médecin pour la dernière étape qui les ramenait en Angleterre. Jean-Pierre Millet, le skipper de *33 Export,* prit cependant ma demande en considération :

– Vous savez, la prochaine course au large, c'est la Whitbread, la course autour du monde en équipage, il vous faut voir Tabarly, il embarque toujours un médecin.

Fort heureusement il n'était pas sur les pontons, car je n'aurais pas eu l'audace de l'interpeller. Le soir même, je prenais l'avion pour la France, satisfait de ma démarche auprès de ce monde de la course au large dont je ne connaissais strictement rien.

À l'aéroport, parmi la foule dense, je crus percevoir la silhouette musclée de notre héros national. Je m'arrêtai. C'était bien lui. L'occasion ne se reproduirait pas ; je l'abordai.

– Bonjour, Monsieur Tabarly.

– Bonjour.

– J'ai profité de l'escale…

– Vous êtes équipier sur un bateau du Triangle Atlantique ?

– Non, pas vraiment, j'arrive de Patagonie…

Libéré de ne pas avoir à répéter pour la énième fois que son équipage était complet, il se fit plus bavard. Je profitai de notre discussion sans enjeux pour lui glisser que j'étais médecin, sportif, et que je pouvais, si besoin, me rendre disponible pour ses prochaines courses.

– Donnez-moi votre adresse, on ne sait jamais.

Je l'écrivis nerveusement sur un bout de papier qu'il mit dans la poche de son short. Que deviendrait ce sésame ? Je rentrai heureux d'avoir vaincu les interdits que la timidité impose comme des barrières infranchissables. Un an après, je me trouvais sur *Pen Duick VI*, embarqué pour une aventure maritime autour du monde exceptionnelle.

L'après-midi de mon arrivée, nous avons pris la mer direction Saint-Barth pour une régate de superyachts. Nous étions douze équipiers à bord, en plus du capitaine Tabarly. Je ne savais pas où me mettre sur ce pont mouvant encombré de winches et de cordages. Tandis que j'admirais l'assurance et la vélocité d'un équipage virevoltant, Titouan Lamazou vint à mon secours.

– Mets-toi avec Boubou au moulin à café et tu moulines quand on vous le demande.

Savoir que je pourrais me rendre utile sur un bateau de course à la seule force de mes bras me mit en confiance. Après la régate, on mouilla à l'extérieur du port et, le soir, je suivis quelques gars à terre pour la tournée des bars du bord de mer, première rencontre avec le monde du yachting dont j'ignorais tout des codes. Le lendemain, ces mêmes équipages m'offraient à découvrir un stupéfiant spectacle sur l'eau, un bal de manœuvres incessantes sur ces grands voiliers de course, s'intimidant l'un l'autre en se frôlant flanc contre flanc, à presque s'éperonner à coups d'étrave pour prendre le meilleur départ. Il fallait être le mieux placé, lancé à toute vitesse, au passage de la ligne virtuelle tendue entre deux bateaux de l'organisation qui égrenait les minutes puis les secondes avant le coup de canon du départ. Que d'expériences et d'entraînements cumulés pour atteindre ce niveau de maîtrise !

Sur ces bateaux de course où l'obsession est l'exploitation optimale du vent, on passe beaucoup de temps à la manœuvre. J'étais surpris par le commandement discret du capitaine. Avant tout changement de voiles ou de cap, le chef de quart interrogeait Éric qui montait sur le pont et appréciait la situation pendant quelques minutes avant de donner la consigne, quelques mots à peine audibles. Tabarly dirigeait en silence et se fondait dans le groupe s'il avait envie de participer à la manœuvre.

J'avais été recruté comme médecin, mais j'apprenais tous les jours à devenir un équipier à part entière. Pendant le bavardage des repas, je découvrais le vocabulaire, les expériences de mes coéquipiers. Ils étaient âgés de 24 ans en moyenne, engagés volontaires et passionnés. À 31 ans, je faisais déjà figure d'ancien.

En arrivant à Los Angeles, nous avons appris que *Pen Duick VI* n'était pas autorisé à prendre le départ de la course TransPacifique à cause de sa quille en uranium (non radioactif bien entendu). L'avantage de ce métal rare est sa densité : 19 kg/dm^3 contre 11,5 pour le plomb. Ainsi la quille et le lest peuvent être moins volumineux, plus effilés pour le même rendement. Cette décision du comité de course n'avait d'autre objectif que d'écarter Tabarly, l'un des favoris, de la régate. Nous n'avions pas fait toute cette route pour rien, Éric décida de s'aligner au départ pour leur montrer de quoi le Français était capable. *Pen Duick* prit la tête de la course et après quelques heures, Éric demanda de mettre le cap vers les Marquises. Suivirent les Tuamotu, les îles de la Société, les Australes, Wallis-et-Futuna, la Nouvelle-Calédonie… six mois de rêve et d'insouciance dans les eaux chaudes et les décors paradisiaques du Pacifique. Glisser sous voile le long de ces lagons turquoise irriguait mon corps apaisé d'un sentiment irréel d'éternité.

On a rejoint la course autour du monde en Nouvelle-Zélande pour Auckland-Rio, l'étape des cinquantièmes hurlants et du cap Horn. C'est là, dans le Pacifique Sud, à la barre de *Pen Duick VI* sous spinnaker de tempête avec 40 nœuds de vent établi, que j'ai connu, parmi les plus fortes sensations en mer, celle de sentir sous ses fesses le bateau partir au surf sur d'énormes vagues poussées par les légendaires vents d'ouest de l'océan Austral. À pleine vitesse tout le gréement tremble, on va aussi vite que la vague si bien que la barre n'a plus d'effet, pourvu que le bateau reste dans l'axe, sinon c'est un départ au loft ou à l'abattée, rarement sans conséquence. Avec l'expérience, on fait corps avec le bateau. On anticipe le mur d'eau qui arrive dans le dos, on place le cul du bateau dans le courant pour glisser dans l'axe de la vague. Le pilotage devient instinctif, et on attend avec jubilation la prochaine vague qui va vous emporter.

Après trois semaines de mer, nous avons viré le cap Horn avec 30 nœuds de vent dans le nez, des conditions inhabituelles nous obligeant à tirer des bords au large. La mythique falaise noire apparut très loin sous un ciel couvert à la tombée de la nuit. Nous étions désormais tous cap-horniers. Rien à voir avec cette époque d'avant le canal de Panama où les grands quatre-mâts à voiles carrées mettaient parfois des semaines à lutter contre ces maudits vents contraires pour atteindre le Pacifique. Combien de marins sont montés au front des tempêtes sur cet impitoyable passage, combien ont disparu en mer, décrochés de la mature dans une manœuvre périlleuse, ou emportés par les flots puissants balayant le pont, combien de héros inconnus ?

Nous sommes arrivés en tête à Rio devant *Great Britain II*, et second à Portsmouth derrière les Anglais de *Condor*. Une fois passée la ligne, Éric n'avait qu'un désir, quitter au plus vite l'Angleterre et retrouver le pays bigouden où le chantier de sa future maison l'attendait. Il restaurait une longère, une ferme paysanne tout en longueur, dans laquelle il pourrait entreposer les mâts de ses bateaux sous le toit.

La Manche était chaotique à l'extrême, blanche d'écume. Un vent de force 9 établi depuis plusieurs jours venait de précipiter l'*Amoco Cadiz* sur la côte bretonne. Le pétrolier déversait son mazout lourd dans la mer, provoquant une marée noire considérée, aujourd'hui encore, comme l'une des pires catastrophes écologiques maritimes. La traversée vers la France fut interminable. On ne cessait de tirer des bords. Au matin, fort heureusement, le courant du Raz de Sein était avec nous jusqu'à l'embouchure de l'Odet, qui marquait la fin d'une année de navigation inoubliable.

Éric Tabarly m'avait donné la chance d'embarquer sur un navire prestigieux, de connaître la mer, d'apprendre à naviguer, de vivre une exceptionnelle aventure dans l'intimité d'une équipe où s'étaient bâties de solides amitiés. Éric pouvait enfin souffler. Malgré son apparence rustique, un orgueil et une fierté contenus donnaient de la prestance à cet homme d'une grande pudeur. Il me fallut du temps pour réaliser tout ce que j'avais appris au contact de ce maître silencieux, à commencer par la réponse sans paroles : comment être simplement là.

V

Premières hautes latitudes

Groenland, 1979

En rentrant du tour du monde, après un an d'absence, je me trouvais devant un agenda vierge. La liberté n'est pas un état stationnaire, mais un espace vivant que l'on doit en permanence reconquérir, non sur celui des autres, mais sur ses immobilismes. Carrière, retraite, sécurité, rentabilité, performance, épargne, placements sûrs, assurances vie sont des dispositifs créés pour soulager nos inquiétudes et qui deviennent des amarres de plomb lorsque l'existence entière s'organise autour de la peur de les perdre. On voit parfois des jeunes dans les cortèges défendant les acquis de la retraite, hisser les voiles de tempête dans les premières brises de la vie. Bouger ou se laisser envahir : les regrets accumulés bâtissent trop souvent les murs infranchissables des remords. À 31 ans, la vie m'apparaissait comme un vaste territoire d'incertitudes et autant de promesses à explorer.

Cette année de navigations intensives m'avait appris à me penser marin, lucide de l'humilité que la mer vous impose. Je me sentais apte à m'engager sur les océans ; ce n'est pas rien pour qui a passé toute sa jeunesse sur terre. Les régions polaires, qui exerçaient depuis mon adolescence une attraction spontanée, instinctive, indéfinissable, devenaient accessibles à mon audace croissante. Les derniers mois sur *Pen Duick,* je réfléchissais à l'organisation d'une expédition où je réunirais mes passions pour la mer et la montagne, et les compétences de mes compagnons du large et des sommets pour une aventure « voile et alpinisme ». Dans les archives de *La Montagne,* le magazine du Club Alpin Français, j'avais repéré des photos de belles parois qui naissent de la mer sur la côte ouest du Groenland.

Mes poches étaient vides et, avant toute chose, il fallait gagner sa vie. J'appelai les médecins généralistes que j'avais l'habitude de remplacer pour leur faire part de mon entière disponibilité. Je trouvai sans tarder du travail jusqu'à la fin de l'été. Parallèlement, je m'attelai à ce nouveau projet d'expédition que j'appelai Groenland 79. L'équipe se constitua rapidement : trois amis guides de montagne, trois équipiers de *Pen Duick VI,* un mécanicien bricoleur, un photographe et un écrivain. On finit par trouver un voilier qui avait terminé la course autour du monde en dernière position sous le nom de *Japy Hermes,* mais avec la satisfaction et le soulagement d'être arrivé au bout sans encombre. Même s'il n'était pas cher, il fallait réunir un certain budget. La vie comme médecin remplaçant ne coûte rien et j'engageai l'intégralité de mes revenus dans ce projet qui nourrissait mon quotidien. C'était insuffisant et je me confrontai pour la première fois à la recherche de partenaires ; une tâche ingrate mais nécessaire, qui enseigne la patience et la persévérance. Au moment de partir, on dut faire appel à la générosité des familles pour remplir le réservoir de fuel du bateau.

Nous avons quitté le port de La Trinité le 14 juillet 1979, et après 15 jours au près serré dans une mer bien formée, nous approchions enfin du sud Groenland, le fameux cap Farewell où naissent sans répit les dépressions qui s'abattent sur l'Europe. Autant dire que la zone est redoutée des marins, tant pour son brouillard givrant que pour ses nombreuses glaces qui descendent de l'océan Arctique. Pour éviter ces écueils, les instructions nautiques mentionnent expressément de virer Farewell très au sud, à bonne distance du flot des glaces dérivantes. Nous n'étions plus très loin du Groenland quand le vent se mit à fraîchir et s'établit au nord-ouest, atteignant 40 nœuds. En plein dans le nez. Depuis près d'une semaine, le Soleil n'avait fait aucune apparition. Sans lui, impossible de savoir où nous étions précisément. Le cap Farewell approchait avec la crainte de heurter un *growler*[4]. Une veille constante s'imposait.

Les rafales arrachaient des filets d'écume blanche à la crête des vagues. Les paquets d'eau glaciale qui percutaient l'étrave traversaient le pont avec force, fouettant le visage du barreur comme des gerbes d'épingles sur les joues à vif. Le barreur était relayé toutes les demi-heures. Et chacun, marin ou alpiniste, prenait son quart. Avec deux ris dans la grand-voile et un petit foc à l'avant, le bateau se couchait dans les bourrasques. Le confort était sommaire. Sans chauffage, l'intérieur du bateau

4. Blocs de glace de plusieurs tonnes, flottant entre deux eaux, dissimulés derrière les vagues.

était froid et humide et, le nombre de couchettes étant limité, nous faisions « bannette chaude » : les équipiers du quart descendant se glissaient dans la tiédeur des sacs de couchage de ceux du quart montant. Au bout d'une dizaine de jours, le Soleil se réconcilia enfin avec l'horizon, l'occasion très attendue de sortir le sextant et de faire un point précis. Sans le savoir, nous avions dépassé le cap Farewell ! C'était mon premier baptême du Grand Nord ! Hourra !

On longeait désormais le courant chargé de *floes*[5] qui remonte à l'ouest du Groenland. Nous avions pris de l'assurance et on se rapprocha de la côte du continent de glace. Le temps était revenu au gris, le vent glacial. Soudain un voile de brume se dissipa, découvrant très haut dans le ciel un immense glacier suspendu. Ce n'était plus un rêve. J'étais de quart, seul sur le pont, un frisson intense me traversa le corps. J'agrippai la barre, la gorge serrée par une émotion trop forte. Une fierté de conquête m'envahit ; de conquête sur moi, bien entendu, car cela n'avait pas été facile de monter cette première expédition polaire.

Arrivés à la latitude de l'île Disko, le ciel s'était entièrement découvert. Sur une mer laquée d'un bleu profond apparut au loin un point d'un blanc immaculé. À mesure que nous avancions, un édifice de glace s'élevait lentement à la surface de la mer. À une centaine de mètres, on affala les voiles. Le bateau glissa sur son erre. Tout était immobile dans le silence

5. Plaques de glace de mer à la dérive provenant de la fragmentation de la banquise.

d'une planète inhabitée. Mon premier iceberg ! J'étais incapable de prononcer le moindre mot devant ce monument de la nature. Depuis son vêlage, le Soleil, les vagues et le vent avaient sculpté une île éphémère, y creusant de profondes échancrures. Le délitement invisible de ce géant pouvait à tout moment entraîner des ruptures d'équilibre, et le renversement de blocs de quelques centaines de tonnes risquait d'endommager sérieusement la coque, voire de faire chavirer le bateau. Par précaution, nous avons allumé le moteur pour être manœuvrants. D'autant que sous l'eau turquoise, le pied immergé de l'iceberg était si large que nous devions virer à distance pour ne pas le heurter avec la quille.

Nous sommes restés longtemps en extase devant cette accumulation de glaces millénaires, ruisselantes, poursuivant le cycle éternel de sa métamorphose. Je sentais que j'étais là où je rêvais d'être, que ces hautes latitudes seraient celles de ma vie.

Nous avons passé deux mois dans ce décor féerique du Groenland – ascensions de couloir de glace, de faces verticales, de sommets enneigés encore vierges. Nous explorions des secteurs de côte non cartographiés. Se frayant un chemin entre des icebergs et des plaques de banquise morcelée, on tentait d'atteindre le pied des glaciers géants qui descendent en cascade de la calotte glaciaire. Et là, arrivés à proximité de la muraille de glace, la puissance écrasante des lieux impose le silence. Moteur coupé, on attend. On entend le glacier gémir, grincer, se fracturer à l'intérieur des crevasses ; les prémices d'un vêlage annoncé. Et soudain, dans un bruit sourd de tremblement de terre, la falaise de glace s'effondre dans la mer, provoquant un tsunami qui soulève de grosses vagues atténuées par la couverture des glaces flottantes. Le glacier vient de vêler et les oiseaux le savent. Sous son poids colossal, la masse de glace a raboté le fond de la mer faisant remonter les sédiments : pétrels, guillemots, macareux moines, mergules nains, tous accourent pour picorer à la surface. La vie reprend. Puis le silence revient. Ce qui a eu lieu sous nos yeux se joue sans l'homme depuis les commencements.

Nous étions en 1979. Aujourd'hui, la calotte du Groenland fond avec une rapidité inquiétante, la descente des glaciers s'accélère et les silences sont plus courts, ce n'est pas bon signe.

VI

Un voilier pour un sommet

Patagonie, 1982-1983

Peu de choses ont changé sur la côte sauvage de la Patagonie depuis le 21 octobre 1520. Il y a cinq siècles, quatre caraques arrivaient là-bas par la seule force du vent et s'engageaient dans ce passage sans savoir où cela les conduirait. Porté par son intuition et son engagement auprès de la couronne espagnole, Magellan conduisait cette expédition audacieuse à la recherche d'un hypothétique passage pour rejoindre l'archipel des Moluques en Indonésie. L'avait-il enfin trouvé ? Depuis presque un an à explorer la côte Atlantique de l'Amérique du Sud, il s'était plusieurs fois fourvoyé : dans la profonde baie de Guanabara, qu'il nomma Rio de Janeiro, plus au sud dans le Rio de la Plata, qui sépare l'Uruguay de l'Argentine, et plus au sud encore dans le Golfo Nuevo de la péninsule Valdés. Là, il tenait, sans le savoir, la clé du passage.

Odyssée inimaginable aujourd'hui, que celle de ces lourds navires à voiles peu manœuvrants, longs d'une trentaine de mètres dans lesquels 40 à 60 marins vivaient entassés, mal équipés pour affronter le froid et la violence des vents patagons, tiraillés par la faim, affaiblis par les maladies, et dont les effectifs étaient décimés par les mutineries, les meurtres et les désertions. Comment ces hommes parvenaient-ils à survivre des mois entiers dans de telles conditions sur ces navires qui roulaient bord sur bord, sans certitude du lendemain. À quoi s'accrochaient-ils ? Certainement pas à leurs salaires de misère. Au courage et à la cohésion d'une équipe ? À la fierté de participer à la découverte du monde ?

Le 10 décembre 1982, nous arrivions à l'entrée du détroit de Magellan. Incomparable aventure. Nous étions dix sur *Gauloise III*, un voilier moderne de 20 mètres, certes sans GPS ni radar, mais nous savions précisément où nous étions grâce aux cartes marines et au sextant. Partis de Mar del Plata, une station balnéaire située à 400 kilomètres au sud de Buenos Aires, la descente ne fut pas de tout repos. Nous naviguions à bonne distance de la côte argentine quand un *pampero*, ce vent légendaire qui vient des pampas, se dressa contre nous, imposant de réduire la voile à trois ris. La mer forte heurtait la coque qui vibrait jusqu'en tête de mât, il fallait se cramponner ou rester allongé dans sa bannette. Au cinquième jour d'une mer inlassablement forte, on vira enfin le cap des Vierges pour entrer dans les eaux plus calmes du détroit de Magellan. À partir de là, le bateau devait nous conduire au pied de notre objectif : la face ouest du Riso Patron, un sommet encore vierge qui s'érige aux confins des canaux de Patagonie. Cette aventure était le jumeau patagon de l'expédition voile et alpinisme organisée au Groenland quelques années auparavant ; un mixte entre mes deux univers, la mer au cœur de la montagne.

Ici, à l'extrémité de l'Amérique du Sud, la Cordillère des Andes s'enfonce dans l'océan, si bien que l'on navigue entre montagnes, forêts et glaciers, dans un enchaînement de canaux assez bien balisés. Si l'on est à l'abri de la houle du Pacifique, les vents violents du large, les fameux « cinquantièmes hurlants », viennent heurter le relief déchiqueté de la côte et s'y engouffrent sauvagement. Avec notre équipage composé d'experts de la course au large, nous progressions à la voile dans ce dédale de canaux où les caprices du vent imposent des virements de bord incessants, rasant les rochers dans des passages souvent très étroits. Mais comment avait fait Magellan avec ses lourdes caraques pour affronter les rafales glaciales qui couchaient par moments notre bateau dans des panaches d'eau arrachés à la mer ? Giboulées de neige et rideaux de pluie alternaient avec de soudaines inondations de soleil.

Après deux jours à tirer sans cesse des bords, on emprunta un chenal à la recherche d'un mouillage tranquille à l'abri du vent. Dans une clairière sauvage, au cœur d'une végétation très dense, une voix se fit soudain entendre. Deux hommes d'un autre âge sortirent d'une embarcation de fortune, surmontée d'une cabane faite de planches et de tôles ondulées. Ils disparurent furtivement pour ressortir aussitôt avec un sourire avenant qui illuminait leur visage hirsute, buriné par des décennies d'intempéries.

– *Centollas, centollas* ! disaient-ils d'une voix douce, tenant dans leurs mains d'énormes araignées de mer qu'ils s'empressaient de nous offrir, comme s'ils avaient quelque chose à se faire pardonner.

Ces hommes travaillaient en toute illégalité, plongeant au narguilé dans l'eau glaciale, serrant dans leur bouche un tuyau d'arrosage relié en surface à une pompe à air qui pétaradait sur le pont de leur embarcation de fortune. Ils cueillaient les araignées de mer, posées sur le fond à une trentaine de mètres, et remontaient dès que le filet était plein. Ces va-et-vient permanents avec la surface se faisaient sans ménagement si bien que de nombreux accidents de plongée étaient gardés sous silence. De temps en temps, un bateau passait pour collecter la production de ces pêcheurs invisibles, dissimulés sous le treillis de ce maquis patagon. Le crabe royal de Patagonie est aujourd'hui encore un mets très recherché qui se vend fort cher à l'exportation. Heureusement, des mesures de conservation de l'espèce ont été adoptées par le Chili.

Deux jours après, nous approchions de l'entrée du labyrinthe qui devait nous conduire au pied du Riso Patron. Nous naviguions dans des eaux noires, sans carte des fonds, craignant à tout moment de heurter la quille sur des rochers invisibles. Soudain, très haut dans le ciel, un ogre de granit noir et de glace apparut dans une déchirure du brouillard. Il était difficile d'apprécier à quelle distance se trouvait cette immense face peu invitante, et par où l'aborder ? D'autant plus difficile qu'on ne la revit plus, disparue dans le ciel de plomb légendaire des canaux de Patagonie. Que faire ? Après maintes discussions, on décida d'aller au plus simple et de tenter l'ascension du Riso Patron par son versant est, en partant du Hielo Continental, l'impressionnant plateau glaciaire perché sur la Cordillère. On partit plus au nord explorer le fjord Falcon. À la sortie de méandres encaissés, un glacier colossal descendant jusqu'à la mer se dressait devant nous. La moraine de droite semblait donner l'accès à une pente facile pour gravir les 1 500 mètres de dénivelé jusqu'au plateau glaciaire qui surplombe l'océan Pacifique. En avance lente, nous approchions du front glaciaire quand, à moins d'un kilomètre, un pan entier se détacha. Précédée d'un bruit sourd de tonnerre, une vague de tsunami soulevant des blocs de glace volumineux de plusieurs tonnes se dirigeait vers nous. *Gauloise III* n'était pas taillée pour naviguer dans les glaces. Par chance, la coque en aluminium, légère, fut heurtée sans trop de mal. Il ne faisait pas bon rester trop longtemps dans le secteur. On s'approcha de la côte pour trouver un lieu de débarquement, jusqu'à venir toucher un mur rocheux avec l'étrave. Au même moment, un nouvel effondrement du glacier leva une énorme vague qui fondit sur nous. Panique ! Le barreur fit arrière toute sans résultat, l'arrière était encombré de glace. Quelques-uns sautèrent à terre et s'arc-boutèrent au balcon avant pour limiter le choc. On n'arrêta pas le bateau et la vague fit grimper l'étrave sur le rocher, cependant notre effort atténua considérablement l'impact.

Encore une fois, on s'en sortait bien. Après le Groenland, la Patagonie révélait à l'évidence que si nous voulions continuer à faire des expéditions dans les glaces, il fallait construire un vrai bateau polaire.

Le Riso Patron restait invaincu et nous devions trouver une nouvelle approche. À force d'explorer, on entra dans le fjord Exeter, une zone assez dégagée donnant accès à un éperon plus accessible. C'était décidé, l'ascension commencerait ici. Jean-Marc Boivin, Bernard Prud'homme et Dominique Marchal, trois alpinistes chevronnés, m'invitèrent à me joindre à eux pour remplacer Thierry Leroy, un excellent glaciériste qui s'était blessé après une chute dans une rimaye[6] lors du dernier repérage. J'acceptai la proposition avec enthousiasme.

De son côté, le bateau et son équipage allaient rejoindre la Terre de Feu et, comme aucune communication ne serait plus possible, on convint de se retrouver le 12 janvier 1983 à Puerto Williams, village chilien en face d'Ushuaïa sur l'autre rive du canal du Beagle. Nous avions deux semaines devant nous pour faire l'ascension du Riso Patron et traverser le Hielo Continental jusqu'au camp de base du Fitz Roy, côté argentin.

Avec des sacs lourdement chargés – matériel de montagne, de bivouac et huit jours de vivres –, on pénétra sans transition dans une forêt primaire dense, impénétrable, qui naît au bord de l'eau. Il fallait sans cesse enjamber des enchevêtrements de troncs d'arbres en décomposition qui s'effondraient sous notre poids. Par endroits, nous nous enfoncions jusqu'aux cuisses dans de profonds trous de mousses. Après six heures d'une marche exténuante, on finit par sortir de cette forêt primaire qui s'élève jusqu'à 800 mètres d'altitude. Dès lors, le terrain était plus facile ; un enchaînement de zones herbeuses et de rochers simples à escalader, si bien que l'on prit pied sur le plateau glaciaire en fin d'après-midi. De là, nous partions vers l'inconnu.

Il faisait exceptionnellement beau ce soir-là. Au loin, la face est du Riso Patron apparaissait enfin, enneigée, avec un champignon de glace au sommet. Sans perdre de temps, on se mit en route pour profiter de la visibilité si rare en ces lieux.

6. Crevasse dans un glacier, située à la frontière supérieure entre la glace en mouvement et l'environnement immobile.

À la tombée du jour, on monta la tente sur la glace et, après un repas lyophilisé, on s'endormit aussitôt. En pleine nuit un vent fort se leva soudainement. La toile de tente claquait si fort qu'on avait du mal à dormir. À l'aube, la situation avait empiré. On ne voyait plus grand-chose mais Jean-Marc Boivin jugea qu'il valait mieux progresser à la boussole vers le Riso Patron pour trouver un emplacement abrité, plutôt que de rester sous la tente qui menaçait de se déchirer. Nous progressions à l'aveugle dans un blizzard de plus en plus opaque qui nous brûlait le visage. Il devint même difficile de rester debout tant les rafales étaient puissantes, d'autant plus que la pente s'accentuait. Quand, quelques mètres devant, j'aperçus la silhouette de Jean-Marc les bras en croix pour signifier de ne plus avancer. Mouillés, frigorifiés, face à un vent glacial qui sapait le reste de nos forces, nous nous trouvions en situation précaire et il fallait vite trouver refuge. Impossible de monter la tente dans ce vent bien trop violent. Aucune crevasse alentour n'était assez grande pour que nous puissions nous y blottir tous les quatre. Le claquement des vêtements couvrait nos paroles, nous devions hurler à l'oreille de notre voisin pour nous faire entendre.

– Faut faire une grotte ! cria Bernard.

On se mit à creuser au piolet dans la pente de neige. Pour être efficaces, on se relayait et après une heure de travail intense, nous étions enfin à l'abri, serrés dans une grotte de neige. Il fallut encore gagner du volume pour pouvoir s'allonger. Et Bernard Prud'Homme, qui mesure deux mètres, devait creuser sous ses fesses pour se tenir assis sans se tordre le cou. Brutalement à l'abri du vent et du bruit, on se crut un instant au paradis.

Le matin, le vent était toujours aussi violent, la visibilité nulle. Nous sortions à tour de rôle toutes les heures pour faire un point météo, invariablement le même : rien à faire dehors. Au troisième jour, la situation n'avait pas évolué : vent d'une extrême violence, *whiteout*[7], et nous ne savions pas précisément où nous étions. Il nous restait quatre jours de vivres et trois bonnes journées étaient nécessaires pour traverser le Hielo Continental et atteindre la Patagonie argentine. Nous devions commencer les restrictions et accepter que toute tentative sur le Riso Patron était définitivement abandonnée.

Vers 19 heures, je sortis la tête et il me revint d'apporter la bonne nouvelle.

– Ça se lève !

Nous nous sommes tous précipités dehors pour constater avec horreur que nous nous étions arrêtés à dix mètres d'une corniche surplombant un mur de glace de 300 mètres. Il ne faisait plus très clair, mais suffisamment pour tenter de rejoindre un passage en contrebas donnant accès au Hielo Continental. Le camp fut vite plié mais la nuit noire s'était refermée sur nous. Nous avancions à la lampe frontale. La descente devint plus raide et on chaussa les crampons par sécurité. C'était bien trop hasardeux et l'on se résolut à bivouaquer sur une vire taillée dans la neige dure, recroquevillés les uns contre les autres, attendant que l'aube nous libère. Le lendemain, profitant du beau temps enfin revenu, on fit route sans ménagement jusqu'à une moraine latérale de rochers et de sable où l'on passa la nuit. Nous n'avions pratiquement plus de vivres et le repas

7. Quand, les jours de blizzard ou de brouillard, le sol neigeux et le ciel se confondent, on se sent comme englouti dans un blanc sans repères.

se termina avec une cruelle sensation de faim. Le petit déjeuner fut tout aussi frugal. Nous nous étions installés sur la moraine qui délimite le gigantesque glacier Viedma, large d'une dizaine de kilomètres et que nous devions traverser en diagonale. Il nous fallut 12 heures pour atteindre l'autre berge du glacier, un parcours d'équilibriste sur de fines arêtes de glaces séparées par de profondes crevasses menaçantes. On installa le bivouac au pied du Passo del Viento, sous la pluie et le vent glacial. Affamés, on acheva nos maigres réserves de nourriture.

Le lendemain, de l'autre côté du col, on retrouva la nature, les arbres, le vert, les oiseaux. Un bonheur ! Mais cette journée encore fut interminable. Ayant malencontreusement manqué l'itinéraire menant à El Chalten, on descendit le long du Rio Tunnel où la nuit nous contraignit à un nouveau bivouac avec, en tout et pour tout, un sachet de thé pour quatre en guise de dîner et de petit déjeuner ! Et on repartit, abrutis par la fatigue et la faim, pour arriver enfin au paradis, une petite cabane d'où sortait un filet de fumée par la cheminée. Un gaucho, surpris de notre visite, nous servit un généreux festin : viande de mouton, pommes de terre bien grasses ! Il nous restait encore dix kilomètres de marche jusqu'au camp de base du Fitz Roy pour clore notre épopée.

À l'entrée du parc national, nous nous sommes présentés spontanément au garde argentin. Nous arrivions du Chili par le Hielo Continental ! Chose impensable pour ce gradé. D'abord impressionné par la performance, son ton devint plus formel quand il réalisa que nous étions en situation irrégulière, d'autant plus que nous venions de traverser une zone de conflit frontalière avec le Chili.

– *Clandestino si, clandestino !* disait-il au téléphone.

Notre cas le dépassait et il en référait à la gendarmerie d'El Calafate qui vint nous chercher le lendemain pour nous conduire sous escorte à Rio Gallegos, la capitale de la région sur la côte Atlantique. Appréhendés avec froideur et sévérité par le commandant de la base militaire, nous réalisions que cet homme vivait encore la tension de la guerre des Malouines. Il était avide de tous les renseignements que nous pouvions lui fournir sur le versant chilien de la Cordillère.

– Avez-vous vu des bâtiments, des dômes cachés sous la glace, des hélicoptères survoler la région ?

Nous n'avions pas grand-chose d'intéressant à lui révéler. Quand il comprit que nous étions de simples aventuriers, il nous félicita et demanda à son sergent de le prendre en photo avec nous : c'en était fini avec les autorités.

Le 12 janvier 1983, nous arrivions à l'heure sur le quai de Puerto William pour recevoir les aussières de *Gauloise III*. Frustrés d'être passés à côté du Riso Patron, Jean-Marc Boivin et Dominique Marchal offrirent à l'équipe la plus belle manière de clôturer cette aventure de marins et d'alpinistes en réalisant la première ascension du cap Horn. « Un empilement de plaques rocheuses instables et de zones herbeuses très glissantes, vraiment une ascension à risque » dira Jean-Marc. Le cap légendaire n'a pas failli à sa réputation.

Partie 2

ANTARCTICA, LE RÊVE D'UN BATEAU D'EXPLORATION

Oser, c'est engager son imagination au-delà des certitudes.

VII

Dérive arctique, une expédition de légende

Farewell, septembre 1979

Tout part de la force d'une idée. Une idée n'est jamais vierge, elle est une synthèse opportune. Elle surgit au confluent d'une nécessité intérieure et d'un besoin objectif. C'est précieux, une idée à laquelle on tient, ça n'arrive pas plus d'une poignée de fois au cours d'une vie. Construire un bateau, j'en avais rêvé sur les bords de la Méditerranée en fréquentant des passionnés, entièrement tournés vers leur rêve de voiliers pour parcourir le monde. J'en avais senti le besoin en Patagonie tellement *Gauloise III* m'avait paru fragile au milieu des glaces. Mais la vraie révélation, je l'ai vécue en rentrant du Groenland en septembre 1979. Après avoir viré le cap Farewell, il faisait paradoxalement beau en ce début d'après-midi. Dans une lumière laiteuse d'automne, qui arrive vite sous ces latitudes, émergeaient des éclats de glaces dérivantes. Je me trouvais à la barre, seul sur le pont, quand un gros bois flotté apparut droit devant. J'allais passer à ras quand la masse s'agita : une baleine à bosse ! Cet énorme mammifère que je réveillais en pleine sieste fit le dos rond et sonda dans l'eau noire. Un souffle apparut plus loin à la surface de l'eau, puis un autre, et plusieurs encore. Ce *Goodbye Farewell* de cétacé résonnait en mon cœur comme une invitation à revenir. Le rêve d'un bateau polaire s'imprimait plus que jamais sur ma trajectoire.

Lorsque le 11 mai 1986, j'atteignais le pôle Nord après 63 jours de marche[8], tirant seul mon traîneau sur cette croûte de glace piégeuse qui enveloppe l'océan Arctique, ce fut une immense libération, un moment d'une grande intensité, de bonheur apaisé comme on a rarement l'occasion de s'offrir dans la vie. Pour avoir maintes fois résisté aux tentations de l'abandon, je savais que la persévérance est rédemptrice ; elle conduit à recentrer ses forces, à l'« hyperprésence », à découvrir un terrain personnel encore insoupçonné de soi. Le pôle n'était plus une conquête, mais un chemin de plus en plus éclairé. Du pôle on ne domine rien, ce n'est pas l'ascension d'une montagne, c'est un rendez-vous au milieu d'un océan gelé sans repère, un sommet invisible que l'on porte en soi. Je revenais plus solide, confiant dans ma capacité à mener des projets d'exploration et la perspective de poursuivre un destin d'aventures. Le pôle Nord en solitaire marquait un tournant. Dans mon journal, à la page de mon arrivée au pôle, j'écrivais : « Désormais, j'imaginerai et monterai mes propres expéditions. Désormais, je ferai vivre mes rêves et je les partagerai. Le temps de mon existence sera celui de mes projets. » Le temps était venu de lancer la construction de mon navire d'expéditions.

---

8. Les enregistrements de ma balise Argos indiquent que j'ai atteint la latitude 89° 993 Nord, soit à quelques centaines de mètres du pôle. Grâce au satellite, je suis le premier homme à avoir été précisément localisé au pôle Nord.

Il devrait forcément être capable de naviguer sur les océans polaires sans risquer de se faire écraser par les mouvements de la banquise. Car j'avais en tête un projet bien précis pour ce bateau : refaire l'expédition arctique de Fridtjof Nansen. En 1896, son navire, le *Fram*, était sorti indemne du puissant étau de la banquise après trois années de dérive à travers l'océan Arctique. C'était le navire dont il fallait s'inspirer. Depuis Nansen, aucun bateau n'avait dérivé sur cet océan glacial si difficile d'accès et encore si méconnu. Cent ans après, j'allais mettre tout en œuvre pour m'engager dans le sillage du célèbre Norvégien. Fridtjof Nansen était non seulement un grand explorateur polaire, mais un homme immense, très inspirant.

Pour comprendre l'idée géniale de la construction du *Fram*, remontons l'histoire de l'exploration polaire. À la fin du XIXe siècle, l'océan Arctique reste impénétrable et le pôle Nord, qui n'a pas encore été atteint, demeure une énigme. Que cache-t-il derrière cette barrière de glace sur laquelle se heurtent tous les navires ? Le géographe allemand August Petermann soutient l'idée que si l'on arrive à franchir la couronne d'océan gelé où tous les explorateurs ont échoué, on devrait entrer dans ce qu'il appelle « la mer libre du pôle ». Reprenant cette hypothèse, une expédition américaine, menée par le capitaine George Washington De Long, projette une nouvelle approche en passant par le détroit de Béring entre l'Alaska et la Russie. De Long est un navigateur expérimenté qui a exploré la mer de Baffin jusqu'au 76° Nord. Il affrète la *Jeannette*, un petit vapeur qui a déjà navigué dans les mers arctiques sous le nom de *Pandore*.

Le 8 juillet 1879, De Long quitte San Francisco avec un équipage de trente-deux marins aguerris, en compagnie de vingt-huit chiens de traîneau. Fin août, il entre dans le détroit de Béring où, très vite, il est confronté à une banquise compacte ; dès le 6 septembre, la *Jeannette* est immobilisée par la glace. Soumis au vent et au courant, le navire entame une interminable dérive. De Long et son équipage assistent impuissants à l'agonie du bateau qui est peu à peu broyé par les forces tectoniques de la banquise en mouvement permanent. Sur le journal de bord du commandant, le constat est laconique : « Vers une heure du matin, le mât de misaine est tombé ; à trois heures le sommet de la cheminée a disparu et notre Jeannette s'est peu à peu enfoncée. Nous dormirons désormais sous la tente. » Après deux hivernages dans des conditions de froid et de famine épouvantables, une partie de l'équipage réussit à rejoindre le désert glacial de la Sibérie où il sera secouru par des autochtones yakoutes. De Long et la majorité de ses marins mourront de froid et d'épuisement.

Trois années après le naufrage de la *Jeannette,* des Esquimaux de la côte sud-ouest du Groenland découvrent parmi les bois flottés – des troncs et des branches d'arbres charriés par la dérive de la banquise –, un amas de planches inhabituel. Il s'agit des vestiges du bateau de De Long. En trois ans, l'épave de la *Jeannette* a parcouru 3 000 milles à travers le bassin arctique, ce qui prouve l'existence d'un courant de dérive transpolaire du détroit de Béring vers le sud du Groenland. Cette découverte d'importance va inspirer Fridtjof Nansen. Jeune scientifique norvégien, esprit libre et créatif, il imagine construire un navire capable de supporter la pression titanesque de la banquise et profiter de la dérive pour atteindre le pôle Nord tant convoité.

Il soumet le projet à Colin Archer, célèbre architecte norvégien qui conçoit des bateaux pour la Baltique, une mer dont les eaux sont prises en glace une bonne partie de l'année.

Nansen va prendre le contre-pied des lourdes expéditions anglaises et américaines, menées par des hommes en uniforme, et qui ont toutes échoué. Il fait le choix d'une entreprise à taille humaine, une douzaine d'équipiers installés dans de bonnes conditions de confort pour affronter les rudesses et l'isolement polaire. Le 24 juin 1893, le *Fram* quitte Oslo sous les applaudissements de la foule et prend la direction du passage du nord-est pour rejoindre le détroit de Béring. Il réussit à franchir le cap Tcheliouskine à l'extrême nord de la Russie, mais le 24 septembre il est bloqué par la banquise au large de l'embouchure de la Léna. Nansen note dans son journal de bord : « Le *Fram* est complètement entouré de glace et le rude hiver approche. On va préparer le bateau pour le premier hivernage. » (De nos jours, un peu plus d'un siècle après, la banquise a totalement disparu de cette région en septembre, elle ne se reforme que plus tard, en novembre). Dès lors le *Fram* entame sa longue dérive et, dès les premières compressions, répond parfaitement aux attentes. Après le second hiver à se laisser porter par les glaces, le bateau atteint 84° 04' Nord. Nansen juge qu'il n'ira pas plus haut en latitude. Il décide de quitter le navire et de se lancer à l'assaut du pôle. Accompagné du solide Johansen, équipé de deux kayaks, trois traîneaux et vingt-sept chiens, il s'engage vers l'inconnu. Après trois semaines d'efforts, ils n'ont progressé que de 123 milles. Le 8 avril, ils sont à 86° 13' N, le point le plus au nord jamais atteint jusqu'alors. C'est un record, mais la progression est trop lente pour espérer atteindre le pôle avant la débâcle. Ils rebroussent chemin. Entraîné par le courant transpolaire de la banquise, le *Fram* a continué sa dérive ; ils savent qu'ils ne le retrouveront pas. La terre la plus proche est l'archipel François-Joseph à plus de 500 kilomètres. Où que l'on soit, où que l'on se dirige, la banquise de l'océan Arctique est un chaos permanent, un entrelacs de murailles de compression de glace, de cassures dangereuses. La progression vers le salut est très lente, exténuante. À la fin mai, début juin, commence la débâcle de la banquise. En surface, la couche de neige fond et se transforme en une bouillie glaciaire où, même avec des skis, on s'enfonce jusqu'aux chevilles, où les traîneaux s'embourbent. La banquise se fracture, les chenaux d'eau libre se multiplient et ne regèlent plus, imposant de grands détours. Et plus on avance vers l'été, plus la progression devient éreintante, périlleuse ; il faut éviter de passer à l'eau, car on a peu de chance de s'en sortir. Ils atteindront finalement la terre après quatre mois de lutte incessante pour la vie, affrontant les attaques d'ours affamés qu'ils tuent parfois, comme les morses, pour se nourrir. Le 9 septembre 1895, sans aucun espoir d'être secourus avant l'hiver qui arrive à grands pas, ils construisent une cabane en pierre qu'ils capitonnent de peaux d'ours et de phoques. Ils y passeront un troisième hiver arctique, avant d'être rapatriés par une expédition anglaise qui les ramènera à Tromsø, tout au nord de la Norvège. On les croyait pour toujours ensevelis sous la tombe des glaces, ils seront accueillis en héros.

Nansen attend désormais des nouvelles du *Fram*. S'il n'a subi aucune avarie, il devrait normalement être sorti de l'étau des glaces. Le 26 août 1896, le chef télégraphiste lui remet le message suivant : « À Fridtjof Nansen. Le *Fram* est en parfait état. Tout va bien à bord. Partons dans quelques heures pour Tromsø. Souhait de bienvenue. Otto Sverdrup[9]. » C'est la fin d'une des plus belles et des plus intenses expéditions polaires, trois années d'une rude et audacieuse aventure de laquelle tout le monde est revenu vivant. Le journal de bord tenu méticuleusement par Nansen[10] est édifiant sur le courage et l'endurance de ces deux explorateurs d'exception.

Les premiers enseignements maritimes à tirer de cette traversée de l'océan Arctique sont de deux ordres. D'une part océanographique ; l'analyse de la dérive met en évidence un angle entre la trajectoire suivie par le *Fram* et la direction du vent qui impacte le déplacement de la banquise. C'est l'illustration d'un phénomène aujourd'hui bien connu des marins, la force de Coriolis[11].

---

9. Otto Sverdrup était le commandant du *Fram*. Fidèle compagnon de Nansen, il l'avait accompagné pour la traversée du Groenland. Entre 1898 et 1902, il explora avec le *Fram* les îles du Nunavut qu'il cartographia.

10. Fridtjof Nansen, *Vers le Pôle*, Éditions Paulsen, 2014.

11. La rotation de la terre induit sur tout corps en mouvement une force perpendiculaire à son déplacement qui dévie sa trajectoire, vers la droite dans l'hémisphère Nord et vers la gauche dans l'hémisphère Sud. Elle influence le sens de rotation des masses d'air et l'enroulement des nuages autour des dépressions. En mer, les courants de surface dus au vent sont déviés dans le sens des aiguilles d'une montre dans l'hémisphère Nord, dans le sens antihoraire dans l'hémisphère Sud. À l'équateur, cette force est nulle, ce qui perturbe considérablement le régime des vents, c'est la zone du « pot au noir » avec ses formations de cumulonimbus, ses grains violents accompagnés de pluies torrentielles qui alternent avec les calmes plats tant redoutés des marins. La force de Coriolis, ainsi nommée en mémoire de l'ingénieur français Gaspard Coriolis (1792-1843),

L'autre enseignement, qui m'intéressait au plus haut point, est que le *Fram*, grâce à sa forme et sa structure, a résisté pendant près de trois années aux tortures de la banquise, là ou des navires à flancs droits tels que la *Jeannette* de De Long, l'*Erebus* et le *Terror* de Franklin à la recherche du passage du nord-ouest ou plus tard l'*Endurance* de Shackleton ont tous été broyés.

Au-delà de cette expédition remarquable, Nansen est un personnage fascinant. Il œuvra pour donner un statut aux apatrides de la Première Guerre mondiale, le fameux « Passeport Nansen » qui lui valut le Prix Nobel de la paix. Plus tard, lorsqu'il fut nommé recteur de l'université Saint Andrew en Écosse, le discours qu'il adressa aux étudiants illustre parfaitement l'enthousiasme éternel de cet homme alors âgé de 65 ans : « Nous avons tous une “Terre de l'au-delà” à chercher au cours de notre vie – que demander de plus ? Notre rôle est de trouver le chemin qui y mène. Un chemin long, difficile peut-être, mais quand l'appel nous parvient, il faut y aller. Profondément enraciné en nous, l'esprit d'aventure, l'appel

---

est proportionnelle à la vitesse de l'objet en déplacement, ainsi en balistique il faut en tenir compte pour les tirs d'obus ou de missiles qui seront déviés de leur trajectoire directe. Cette force de déviation intangible vers la droite est à l'origine de l'usure plus marquée des rails droits sur les lignes de chemin de fer, elle impacte la formation des méandres des fleuves. Mais la force de Coriolis est aussi à l'origine du mythe tenace du tourbillon du lavabo, qui tournerait dans le sens des aiguilles d'une montre dans l'hémisphère Nord, et antihoraire dans l'hémisphère Sud. En réalité, le tourbillon se forme par effet siphon, la force de Coriolis à cette échelle est très faible et le mouvement de l'évacuation est aléatoire, lié au sens pris au départ, à l'impulsion qu'on lui donne, à la forme du lavabo.

du monde sauvage vibre en chacune de nos actions, rendant la vie plus profonde, plus élevée et plus noble. » J'avais trouvé un maître.

Un siècle après, je m'engageais dans son sillage. Avec humilité et enthousiasme, je lançai la construction d'un bateau pour une dérive arctique, l'expédition du centenaire.

VIII

Antarctica, navire polaire

Oslo, juin 1987

Avant même les premières ébauches de plan, j'allai à Oslo visiter le musée du *Fram* où le célèbre navire est exposé. J'avais au préalable demandé un entretien avec le directeur de l'Institut Fridtjof Nansen[12] pour l'informer de mon projet. L'institut étant hébergé dans l'ancienne maison de Nansen, j'eus droit à une visite privée de son bureau, conservé en l'état depuis sa mort en 1930. La personne qui m'accompagnait eut l'extrême délicatesse de me laisser seul un instant. Je me souviens avoir été intimidé par la présence si prégnante de l'explorateur. J'en ressentis d'ailleurs une certaine gêne : quelle était ma légitimité à partager l'intimité de la vie de cet homme ? Et d'ailleurs étais-je à la hauteur de mes ambitions : suivre les pas d'un homme tant vénéré dans son pays ? Le directeur, que je saluai après la visite, me mit à l'aise et me remercia de porter à la connaissance du monde la mémoire de cet homme si cher au cœur des Norvégiens.

---

12. L'institut Fridtjof Nansen est une fondation créée en 1958, engagée et très influente dans la recherche sur la gouvernance internationale, l'énergie et le climat, la politique de gestion des ressources, le droit de la mer, la protection de la biodiversité.

Le lendemain, je passai la journée au musée du *Fram*. En entrant dans le bâtiment construit sur mesure pour accueillir le bateau, on se trouve immédiatement sous la coque en bois de chêne, surplombé par une masse tout en rondeur qui dégage une impression de force. Comme tous les bateaux de commerce de la mer Baltique, le *Fram* n'a pas d'appendice apparent. Une quille s'étire sur toute la longueur du navire. À l'arrière, le gouvernail et l'hélice sont effacés dans le prolongement de la coque afin de ne pas être heurtés pas les glaces flottantes. Pour le *Fram*, l'architecte Colin Archer a conçu un moyen de les relever une fois pris dans le pack. Nansen portait une attention particulière aux conditions de vie des marins, l'intérieur en bois est chaleureux et spacieux. La coque est double, bien entendu et, pendant l'expédition, l'espace entre les deux – 70 à 80 cm –, était garnie de rafles de maïs[13] pour assurer une bonne isolation thermique. Je retins aussi les proportions du *Fram*, 39 mètres de long sur 11 mètres de large, un ratio proche de trois et demi qu'il faudrait reprendre pour mon futur bateau. Immergé au cœur même de la grande histoire des pôles, transporté par le génie et l'audace des anciens, je revins plus que jamais convaincu de la pertinence de faire construire un navire d'expédition adapté à l'étude d'un océan Arctique, difficile d'accès, donc mal connu.

Le cahier des charges se résumait ainsi : un navire dont la structure est capable d'endurer le serrage de l'étau des glaces et une forme arrondie lui permettant d'être soulevé

13. Cœur de l'épi de maïs.

par la banquise pour échapper aux forces d'écrasement. Une équipe fut rapidement constituée.

Architectes : Olivier Petit, avec qui j'ai fait le tour du monde sur *Pen Duick VI*, et Luc Bouvet. Coordinateur de la construction : l'ingénieur Michel Franco, mon homme du camp de base au pôle Nord en 1986. Conseiller polaire : Christian de Marliave, docteur en mathématiques et grand connaisseur des régions polaires.

Côté matériau, l'aluminium s'imposa de lui-même. Pour deux raisons : il est trois fois plus léger que l'acier et sa résistance augmente avec le froid. L'épaisseur de la coque fut un sujet de conversation. Michel Franco était allé consulter le chantier naval Wärtsilä en Finlande spécialisé dans la construction de brise-glace. Il était revenu avec une estimation d'épaisseurs de tôles assez consistantes : 25 millimètres sur le fond, 16 millimètres sur les flancs, 12 millimètres sur le livet – l'arrondi entre la coque et le pont –, et 8 millimètres sur le pont. Les architectes s'inquiétaient de ces épaisseurs qu'ils jugeaient démesurées ; l'ensemble représentait 40 tonnes d'aluminium, bien plus que le poids du navire qu'ils préconisaient. C'est ce qui fut retenu. Ce projet très innovant attirait de nombreux ingénieurs qui spontanément nous apportaient leur savoir et leurs expériences. Avec enthousiasme et créativité, le navire prenait forme. En revanche, tant au niveau de l'administration que de l'agence de certification, je recevais assez peu d'encouragements. Tous s'interrogeaient sur la capacité de ce bateau à résister aux forces titanesques de la banquise. Et surtout, comment arbitrer quand on ne s'inscrit pas dans la norme ? L'audace commence au-delà de la frontière où vous amène l'expert. Il fallait formuler des arguments, apporter des preuves. À l'occasion d'un voyage à Toulouse, je rencontrai Yves Mégret ; nous étions ensemble en classe mathématique et il avait fait du chemin ; agrégé de mécanique, professeur à l'INSA et à l'École Supérieure Aéronautique, il me proposa ses services :

– Nous avons à Sup Aéro un tout nouveau logiciel, Catia, de Dassault Aviation, avec lequel je dois pouvoir simuler les contraintes exercées par les mouvements de la banquise sur la coque. On peut faire ça cet été quand les élèves seront en vacances.

Yves comblait un vide qui rassura tout le monde. Plus que cela, il nous mit en garde sur la nécessité d'une isolation thermique parfaite, pour des raisons d'économie d'énergie, mais aussi mécaniques. Il fallait éviter que la glace ne fonde au contact de la carène et n'épouse parfaitement la forme de celle-ci. Il serait difficile de l'en décoller et la coque risquerait alors d'être écrasée. Pour pallier cette situation extrême, Yves imagina un maillage intérieur de câbles tendus par des tireforts sur le principe d'une raquette de tennis. Parés au maximum après ces études de risques, les architectes Olivier Petit et Luc Bouvet pouvaient passer à l'exécution des plans détaillés.

Nous étions pressés, car le bateau devait être prêt pour l'expédition TransAntarctica (1989-1990), le grand projet international de traversée du continent antarctique avec des traîneaux à chiens. C'est lui qui devait nous déposer, mes cinq camarades d'expédition – américain, soviétique, britannique, japonais et chinois –, et moi, ainsi que nos trente-six chiens, sur la péninsule Antarctique, point de départ de notre traversée du Continent blanc. Le bateau fut construit en dix mois par la Société française de construction navale, un chantier naval sur les bords de la Seine à Villeneuve-la-Garenne, dirigé d'une main de maître par Jeanne-Marie Baudron. Chaudronniers, menuisiers, mécaniciens plombiers, électriciens, près de quarante personnes se sont relayées pour livrer dans les temps ce navire d'exception. Je consacrai pour ma part l'essentiel de mon temps à la préparation de la traversée de l'Antarctique. À chaque visite du chantier, le rêve de bateau prenait corps. J'étais impressionné par le travail de mise en forme des tôles épaisses en aluminium. Selon leur emplacement sur la coque, chacune avait son gabarit. C'était un travail de grande précision. À l'étrave, la pièce massive en fonte d'aluminium signait sa force à ouvrir un chemin à travers la banquise. La carène oblongue, lisse, tel un galet géant poli par la mer, endossait la promesse de son invincibilité dans le fracas des glaces dérivantes.

Le navire fut mis à l'eau le 9 avril 1989. Il descendit la Seine jusqu'au Havre où il fut baptisé. On le nomma *Antarctica*[14]. En guise de bouteille de champagne, on choisit un pain de glace qui éclata en mille morceaux sur l'étrave, sous le regard de ses marraines et parrains, six enfants représentant le pays de chacun des membres de l'expédition TransAntarctica : Angleterre, Chine, États-Unis, France, Japon et URSS. Les pôles ne sont-ils pas ces lieux de la Terre où les méridiens de tous les pays se rejoignent ? *Antarctica* partait pour une longue vie de missions ininterrompues dédiées à la science et l'éducation sur les océans du monde.

14. Il deviendra *Seamaster* sous le commandement de Peter Blake et s'appelle aujourd'hui *Tara*.

IX

Massacre dans le Pacifique

Osaka, mai 1990

Après 6 000 kilomètres parcourus à chiens de traîneau sur l'immense calotte polaire, mes cinq camarades et moi arrivions le 3 mars 1990 à Mirny, une base soviétique sur l'océan Indien. Pendant les 7 mois de traversée, *Antarctica* avait été notre base radio en mer et il était convenu qu'il vienne nous chercher à la fin de l'expédition. Les Russes nous attendaient plus tôt et, inquiets de l'hiver qui approchait et des risques de prise en glace de la mer, ils n'avaient pas souhaité qu'*Antarctica* vienne à notre rencontre. Ils se chargeraient donc de nous ramener en Australie avec leur navire polaire. Soit.

La traversée de l'océan Austral dura une dizaine de jours, et je retrouvai l'équipage d'*Antarctica* à Sydney : Jean Collet, le capitaine, Franco, Christian, Hélène, Éric et Bus. Ils me regardaient comme un étranger débarqué d'une autre planète. Que leur dire ? Par quels mots commencer après sept mois en apesanteur du monde ? C'était émouvant de revoir le bateau, il m'apparut très grand. Sur le quai, les passants faisaient une halte et semblaient s'interroger sur ce navire étrange, tout en rondeur, large. Mais c'est surtout sa couleur qui interpellait, cet aluminium brut, gris de fonderie, sans fioriture, quelque chose de militaire.

Je réalisais que nous avions construit un vaisseau hors normes avec lequel une nouvelle vie commençait pour moi. J'étais heureux de passer la nuit à bord, c'était comme si je revenais à la maison. On discuta tard le soir avec l'équipage qui me questionnait sur la traversée de l'Antarctique : les chiens, le blizzard, le pôle Sud, l'entente dans l'équipe. Pendant notre traversée politiquement symbolique, des événements majeurs avaient imprimé la marche du monde et résonné fortement dans notre petit groupe : la chute du mur de Berlin, l'effondrement annoncé de l'Union soviétique et la nomination du Dalaï-Lama au Prix Nobel de la paix, un véritable affront au parti communiste chinois, par ailleurs responsable du massacre des étudiants sur la place Tiananmen au mois de mai 1989, peu de temps avant notre départ. Je leur racontai que chacun s'était comporté en ambassadeur de son pays et que nous avions préservé jusqu'au bout des relations amicales, en marge de toute considération politique.

Quelques jours plus tard, le bateau appareillait pour Osaka où Keizo Funatsu, l'équipier japonais de TransAntarctica, nous avait expressément conviés pour une fête maritime organisée par un de ses partenaires. Il m'avait fait savoir que ce dernier serait intéressé par l'affrètement d'*Antarctica* pour une mission future, ce qui me réjouissait. Tous les marins le savent, pour naviguer avec un tel bateau, soit on est riche, soit on passe son temps à chercher des fonds. Il était donc important de remonter jusqu'au Japon. De là, nous pourrions revenir en France par le passage du nord-est.

À Osaka, quelques stands et des banderoles déployées sur le port ne semblaient pas à la hauteur de la grande fête maritime que Keizo nous avait annoncée. Naturellement, je ne comprenais pas ce qui était inscrit sur ces calicots et surtout je me demandais ce que nous faisions là. Une femme, qui se présenta comme océanographe, proposa de nous accompagner jusqu'au port de Taiji, à une centaine de milles, soit environ 12 heures de mer, pour visiter le célèbre musée de la Baleine. J'acceptai volontiers la proposition qui nous permettait de nous éclipser de cet événement sans intérêt. Nous embarquâmes la scientifique et, à 22 heures le soir même, quittions le port d'Osaka.

Vers minuit, on frappa à la porte de ma cabine.

– Jean-Louis, on vient de recevoir un appel de la direction du port qui nous demande de faire demi-tour.

– Pour quelle raison ?

– Ils n'ont pas donné de précision.

– Alors continuez à faire route.

Vers deux heures du matin, je fus réveillé en sursaut par le bruit assourdissant d'un hélicoptère qui nous survolait à basse altitude. Je montai rapidement à la passerelle. Un projecteur puissant éclairait le pont. Un policier hurlait des ordres incompréhensibles au porte-voix. Le ton était brutal et je compris que c'était une sommation à faire demi-tour. On s'exécuta immédiatement. Quatre heures plus tard, nous étions de retour sur le quai où la police nous attendait. L'océanographe japonaise, qui se révéla être une opposante très connue à la chasse à la baleine, fut embarquée sans ménagement. Au Japon, on ne badine pas avec cette pratique qui est au cœur des coutumes, de l'alimentation traditionnelle, et bien entendu d'une certaine activité économique. Le matin, la police nous interrogea sur notre présence et on reçut un simple avertissement.

Cette activiste voulait nous amener dans le port de Taiji pour que nous témoignions d'une triste tradition locale, source d'importants revenus pour la ville. Chaque année, entre mars et septembre, des milliers de dauphins sont massacrés par un groupe de pêcheurs qui encerclent les bancs avec leurs bateaux à moteur et, en frappant sur la coque, créent une barrière sonore qui dirige les bêtes dans une nasse. Les dauphins sont ainsi capturés vivants. Les femelles des Grands Dauphins sont vendues aux delphinariums de parcs aquatiques et les autres sont tués et vendus pour leur viande dans tout le pays. Nous y étions en juillet 1990 et les autorités japonaises autorisaient encore l'abattage de 23 000 cétacés par an malgré des mouvements d'opposition croissants. Dix-neuf ans plus tard, le monde entier découvrait ce massacre à travers le film-choc : *The Cove, la baie de la honte*. Une équipe d'assaut, bardée de micro-caméras camouflées, de capteurs infrarouges, de preneurs de sons sous-marins et d'apnéistes, avait réussi à s'infiltrer et à filmer dans ces eaux ultrasurveillées. Le peuple japonais découvrait les pratiques barbares à l'origine de la viande de dauphin qui leur était proposée et la consommation chuta progressivement. Cependant en 2020, 30 ans après notre visite, le quota autorisé par le gouvernement japonais s'élevait encore à 1 749 dauphins de neuf espèces différentes, dont 298 Grands Dauphins sélectionnés pour « l'industrie de la captivité » selon la désignation du Réseau Cétacé. Et si la chasse est aujourd'hui appelée à cesser définitivement, c'est parce que la contamination de la viande en pesticides, PCB, métaux lourds comme le mercure est telle qu'elle est devenue impropre à une consommation régulière. C'est la double peine que l'homme inflige à ces animaux sauvages.

La pratique de rabattage et de massacre de mammifères marins n'est pas réservée au Japon. On la retrouve en Europe, aux îles Féroé. Durant des siècles, cette chasse a mobilisé tous les habitants de l'île pour nourrir la population. Aujourd'hui encore, une majorité de Féroïens perpétue cette tradition. Mais c'est un piégeage peu glorieux par une armada de bateaux rapides et de *jet-skis* qui conduit la horde de mammifères au fond d'une baie où ils sont décapités par centaines dans une mer rouge de sang. En 2017, 1 100 globicéphales et 500 dauphins à flancs blancs ont été ainsi abattus. Et comme dans tous les océans du monde, la chair de ces mammifères marins est très contaminée. Si bien qu'en 2008, le médecin-chef des îles Féroé a décrété la viande de globicéphales noirs impropre à la consommation humaine en raison du niveau de mercure et de pesticides qu'elle contient ; il recommande d'en limiter la consommation à un repas par mois. Mais que font-ils des cadavres de ces animaux devenus impropres à la consommation ? Sont-ils transformés en farine pour l'aquaculture ? Tant au Japon qu'aux îles Féroé, il s'agit tout simplement de massacres qui relèvent du folklore, du maintien d'une activité économique sous le couvert d'une tradition ancestrale.

X

Le Passage du nord-est

Petropavlovsk, juillet 1990

L'idée était séduisante : nous nous trouvions au Japon et il y avait une certaine logique à revenir en France par le passage du nord-est, la route maritime arctique qui unit l'océan Pacifique à l'Atlantique en longeant la côte sibérienne. Ce serait pour *Antarctica,* navire polaire, l'occasion de boucler glorieusement son tour du monde. Cependant, depuis le *Maud* de Roald Amundsen en 1922, aucun navire non soviétique n'avait été autorisé à emprunter cette route. Contrairement à ce que l'on peut penser, le plus à craindre n'était pas de franchir la banquise au cap Tcheliouskine, le point le plus septentrional du continent eurasiatique, mais de se voir interdire de naviguer dans ces eaux hautement militarisées. Malgré ces incertitudes, le bateau fit route vers le Nord.

Les bouleversements politiques que connaissait l'Union soviétique en juin 1990 compliquaient la situation et on nous conseilla de rejoindre Vladivostok pour tenter d'obtenir les autorisations. Persuadé que les choses ne se décideraient qu'en haut lieu, j'allai à Moscou, tandis que l'équipage montait directement au Kamtchatka. À l'entrée du port militaire de Petropavlovsk, ce n'était pas la douane qui les attendait, mais deux sous-marins émergés, puis un navire de guerre qui les accosta. Des hommes en armes les visaient. Mains en l'air ! Les militaires montèrent à bord pour escorter le bateau jusqu'à la sortie de la baie. Finalement, on leur assigna dix jours d'arrêt avec interdiction de débarquer. Mais rapidement, une bonne entente se mit en place et le ravitaillement fut pris en charge par les militaires et les pêcheurs locaux qui leur apportaient du saumon sauvage. Christian fut même invité à l'Assemblée nationale du Kamtchatka pour donner une conférence sur l'expédition TransAntarctica. C'était un dénouement surprenant. À l'inverse, ma visite à Moscou où je devais rencontrer Édouard Chevardnadze, le ministre des Affaires étrangères, n'aboutit à rien. Les journées s'écoulaient lentement dans le port de Petropavlovsk, jusqu'au jour où la décision tomba : « Interdiction d'emprunter le passage du nord-est compte tenu de l'état de la banquise exceptionnellement dense. » Une étude confirmera que la glace avait eu bon dos.

L'équipage prit la route des Aléoutiennes, la Californie, le canal de Panama et l'Atlantique pour ramener *Antarctica* au Havre, d'où il était parti plus d'un an auparavant.

Qu'en est-il aujourd'hui de cette voie maritime du Nord ? On entend souvent dire que la régression de l'emprise des glaces due au réchauffement climatique va permettre d'exploiter les gisements gaziers *off-shore* et d'ouvrir la route aux navires de commerce entre l'Asie et l'Europe. L'Arctique est loin cependant d'être l'Eldorado tant espéré des autorités de Russie. Le réservoir géant de gaz de Chtokman en mer de Barents, au large de Mourmansk, est le second par la taille après celui du Qatar. Il n'est pas exploité ; l'obstacle n'étant pas la glace, c'est techniquement possible quelle que soit l'épaisseur de la banquise, mais l'exploitation d'un tel gisement sur mer gelée une bonne partie de l'année représente des investissements colossaux qui ne seraient pas rentables. C'est le cours relativement bas du gaz qui le rend pour le moment caduc, à cause notamment de l'essor du gaz de schiste américain.

Concernant la navigation en Arctique, les routes maritimes du Nord ne sont libres de glace que quelques semaines en été, mais tous les obstacles ne sont pas levés pour autant. Le passage du nord-est doit se faire avec l'escorte des brise-glace de la marine russe, une contrainte administrative et un surcoût financier imprédictible. À l'opposé, le passage du nord-ouest, qui emprunte un dédale de chenaux à travers l'archipel de l'Est canadien, peut rester infranchissable, barré par des icebergs échoués même tard en saison. La route idéale entre le détroit de Béring et l'Europe sera un jour la voie directe par le pôle Nord ; c'est la plus courte et elle s'affranchira des contraintes administratives et des dangers des routes maritimes côtières. Peut-être sera-t-elle libre dans quelques décennies ? Dans cette perspective, Pékin a tissé des alliances avec Reykjavík pour installer un grand port de commerce sur la côte nord-est de l'Islande.

Même libres de glace, ces routes maritimes arctiques seront pavées de plaques de banquise résiduelle qui peuvent être dangereuses en cas de collision. Les armateurs ne sont pas enclins à s'engager dans la construction de navires à double coque, plus coûteux, plus lourds, avec des équipages formés à la navigation dans les glaces, pour une période d'exploitation si courte. Autre question, où se situera le centre de gravité de la navigation mondiale dans quelques décennies, quand le coût de la main-d'œuvre chinoise sera moins attractif et que les produits manufacturés seront construits en Afrique où les Chinois intensifient leurs sites de production ? Actuellement, les gagnants de la fonte de la banquise sont les navires de croisière équipés pour la navigation polaire, et les pêcheurs dont le territoire ne cesse de s'agrandir avec la régression de la banquise en été.

Cette ouverture des routes maritimes de l'Arctique n'est pas une bonne nouvelle, conséquence d'un réchauffement non maîtrisé. Nous allons vers un chaos climatique si nous n'imposons pas dès aujourd'hui les mesures nécessaires pour limiter le réchauffement à 2 °C dans le siècle. Et pour le moment, nous n'en prenons pas le chemin.

Partie 3

L'EXPLORATION DES MERS AUSTRALES

La nature n'est pas le décor de l'existence, mais une florissante « mutuelle naturelle » où toutes les espèces ont la vie en commun. Au grand banquet de l'humanité, la nature tient table ouverte aux populations de la Terre. Mais jusqu'à quand ?

XI

Instituteur du bout du monde

Paris, octobre 1990

De retour en France, je réalisai que le retentissement international de l'expédition TransAntarctica avait permis d'apporter notre contribution à la préservation du continent. À travers notre slogan, « L'Antarctique n'est pas un continent pour les hommes, c'est un continent pour la Terre », accepté par tous avec l'aval des autorités pour nos compagnons russes et chinois, nous dénoncions la convention de Wellington qui autorisait sous certaines conditions l'exploitation des ressources minières de l'Antarctique. Un véritable coup de poignard dans l'esprit originel du Traité sur l'Antarctique (1959) et une menace tant environnementale que politique pour la paix sur ce continent. À la fin de notre expédition, rien n'était encore joué puisque la convention devait être ratifiée à Paris en octobre 1990. Il fallut la ferme conviction et l'audace de Michel Rocard, alors Premier ministre, avec la complicité de Robert Hawke, Premier ministre australien de l'époque, pour faire capoter cette ratification. Un moratoire de 50 ans s'imposa comme la solution de ralliement général de tous les pays signataires du traité. Le protocole relatif à la protection de l'environnement fut signé un an après à Madrid, le 4 octobre 1991 : il désigne l'Antarctique comme une « réserve naturelle consacrée à la paix et à la science » et protège le continent de toute exploitation industrielle jusqu'en 2048. C'était une grande victoire pour nous tous.

Le continent était désormais protégé, mais qu'en était-il de l'océan Austral qui l'entoure ? Certes, depuis sa signature, le traité sur l'Antarctique a été enrichi d'autres mesures de protection : la Convention pour l'interdiction de la chasse aux phoques (Londres, 1972), la Convention pour la conservation de la faune et de la flore marine (Canberra, 1981). Mais l'océan Austral, et tout l'écosystème marin qui embrasse l'Antarctique, est, par son éloignement, assez méconnu et toujours sous la menace d'une pêche intensive, démesurée. Maintenant j'avais un bateau, *Antarctica*, au nom très emblématique, et je ressentais un désir profond de revenir sur ces mers du Sud, de faire connaître cette partie du monde et ses enjeux tellement importants pour notre avenir sur la planète.

J'ai toujours éprouvé le besoin de comprendre et d'expliquer, grâce à des images pertinentes, des mots justes, simples, compréhensibles par tous. J'aime partager et transmettre le savoir à travers des histoires. C'est d'ailleurs ce qui m'avait valu le surnom de Papy de la part de mes équipiers du *Pen Duick VI*. Philippe Poupon, qui était mon chef de quart, me l'a confirmé récemment : « On t'a appelé Papy car tu nous racontais des histoires. » Ce qui me fit bougrement plaisir.

À cause de difficultés scolaires précoces, d'attention et d'écoute bien identifiées aujourd'hui chez les jeunes, j'ai fait une part du chemin en autodidacte, à ma vitesse et sur les sujets qui m'intéressaient. Apprendre par soi-même et reproduire ce que l'on a acquis, cela forge, par nécessité, un goût pour l'exploration pédagogique, la recherche de sens, de logique, d'analogies, d'images, de moyens mnémotechniques, de stratégies qui consolident l'édifice de la compréhension et des connaissances, une démarche que je m'applique instinctivement depuis l'enfance.

Après toutes ces expériences en mer, j'imaginais une navigation dans ces mers australes si distantes et si peu connues, une navigation où l'on prendrait le temps d'un voyage partagé en « temps réel » avec les scolaires et le public. En 1991, les moyens de communication étaient limités et l'idée était très innovante. La France qui avait inventé le Minitel passait progressivement aux World Wide Web et il fallait développer l'usage d'Internet à l'école. Au ministère de l'Éducation nationale, je rencontrai la personne idoine à la Direction de l'information et des technologies nouvelles.

– Votre voyage au long cours à la découverte de l'écosystème austral va s'étaler sur l'année scolaire, ce qui est parfait, me dit Alain Élie. Pour être exploitées par les enseignants, les informations que vous allez nous adresser doivent pouvoir s'inscrire dans toutes les disciplines : en sciences de la vie et de la terre bien sûr, mais aussi en histoire et géographie, en français… Certains professeurs seront friands de données brutes qu'ils pourront interpréter avec leurs élèves en cours de physique et de mathématiques… Je sortis de cette « grande maison », soulagé d'avoir trouvé la bonne personne, et dynamisé par la complicité constructive de cet homme passionné par l'idée de contribuer à l'émergence d'un nouvel outil pédagogique.

Internet était encore à ses balbutiements, il fallait associer un média image pour donner davantage d'écho à la portée pédagogique du voyage. Georges Pernoud, le maître de *Thalassa*, le grand pédagogue de la mer, fut tout de suite séduit par le projet et se dit prêt à relever le défi malgré les difficultés techniques. Son premier conseil fut précieux et sans appel :

– Pour fidéliser vos élèves et les téléspectateurs, il faut impérativement être présent à l'antenne toutes les semaines à la même heure. Si vous vous débrouillez pour nous envoyer la matière suffisante, on doit pouvoir diffuser deux documentaires de 13 minutes par semaine.

– Mais comment ça ?

– Je vais mettre à bord une équipe de quatre personnes : deux cameramen, un ingénieur du son et un réalisateur. Ils tourneront avec des caméras super 16. Toi, Jean-Louis, tu seras le médiateur, présent sur tous les sujets pour nous prendre par la main. Il faudra que vous soyez en permanence à l'affût pour trouver les moyens d'envoyer au plus vite les bobines de films en France. Après le développement en laboratoire, elles seront visionnées et montées ici, et ce à la cadence de deux films de 13 minutes par semaine ! Ça va être à flux tendu, mais vous devriez pouvoir y arriver.

Georges nous passa commande de 54 documentaires, soit six mois de programme. J'avais imaginé un voyage de découverte tranquille, ça commençait à ressembler à une course aux idées à dégotter au fil des milles. Mais rien ne pouvait altérer ma joie de suivre ce parcours plein de promesses et de rêves. Fin juin 1991, *Antarctica* quittait Camaret, son port d'attache, pour l'hémisphère Sud : péninsule Valdés, les Malouines, détroit de Magellan, Terre de Feu, canaux de Patagonie,

Géorgie du Sud, Orcades, péninsule Antarctique, passage de Drake, archipel Diego Ramirez, le cap Horn et retour à Punta Arenas par le canal Cockburn, l'entrée du détroit de Magellan sur la côte du Pacifique.

Je voulais raconter l'histoire naturelle de ces régions australes et leur lien avec la marche du monde : de la glace à l'océan, de l'océan au climat, de la tectonique des plaques au volcanisme et aux richesses du sous-sol, de l'ozone au Soleil, du Soleil au plancton, du plancton au krill… On partait pour six mois de navigation à l'aventure : première escale, les baleines de Patagonie.

XII

Baleines franches de Patagonie

Péninsule Valdés, Argentine, 1991

Au début du mois d'août 1991, nous avons mouillé à Punta Pardelas, une anse abritée de la péninsule Valdés. À voir les sauts éclaboussants et les nombreux souffles à la surface, nous arrivions de toute évidence au grand rassemblement annuel de l'espèce. Accouplements, naissances, nourrissage des baleineaux, nous étions au cœur du sanctuaire mondial des baleines franches, une réserve naturelle très préservée par le gouvernement argentin.

La première fois que j'étais venu ici, c'était en novembre 1975. Parti de Buenos Aires, je descendais vers la Patagonie avec une camionnette que j'avais aménagée en camping-car. Après 1 000 kilomètres à respirer la poussière – la route n'était pas goudronnée –, je quittai la piste au sud de Mar del Plata, pour une halte à la péninsule Valdés. Puerto Pirámides, une dizaine d'habitations et une épave de navire tirée à la côte aménagée en motel, était le seul village de la côte. Le spectacle attendu était au rendez-vous, des baleines affairées à leur vie de cétacés en pleine reproduction. Aucune embarcation n'était là pour les approcher, le *whale watching* organisé n'existait pas.

Le lendemain, je partis faire le tour de la péninsule, empruntant des pistes désertes à l'issue incertaine, à travers des landes de tussock, des touffes de hautes herbes jaunes inlassablement secouées par le vent, le décor ne semblait pas avoir changé depuis le passage de Darwin. Sur les plages de la Caleta Valdés, des groupes d'éléphants de mer du Sud, lourdement étalés sur le sable gris, attendaient la marée pour repartir se nourrir au large. J'observais les mâles, facilement repérables, car le dimorphisme de cette espèce est l'un des plus flagrants dans la nature : ils peuvent peser jusqu'à quatre tonnes et être quatre fois plus gros que les femelles. Par petits groupes, les manchots de Magellan se frayaient un passage entre ces énormes masses de chair amorphe. Les mâles manchots étaient arrivés depuis la fin du mois d'août pour restaurer le nid familial, le même que celui de l'année précédente – des terriers creusés dans les ressauts de terre friable en bordure de côte –, et depuis que la femelle avait pondu ses deux œufs, les parents se relayaient, alternant couvaison et départ en mer pour s'alimenter. À la pointe nord de la péninsule, sur une dalle au ras de l'eau, des otaries d'humeur belliqueuse se bousculaient, s'affrontaient, émettaient des cris rauques ; on était en pleine période de séduction. Les mâles portaient fièrement cette crinière épaisse qui caractérise l'espèce, une abondante chevelure dont le volume augmente en séchant et qui lui vaut le surnom de lion de mer. Cette espèce d'otaries inféodées à la Patagonie a survécu à la chasse intensive jusque dans les années 1950[15]. Ce périple en péninsule Valdés m'avait nourri

15. Sa population est classée *préoccupation mineure* selon le statut de conservation de l'Union Internationale de Conservation de la Nature (UICN).

de tous les trésors de la Terre, de cette vie sauvage où je me réfugie depuis l'enfance. Je découvrais pour la première fois un univers marin, si proche, intensément là, des cohortes d'animaux sauvages indifférents à ma présence.

Je suis revenu en péninsule Valdés douze ans après, en 1987, accompagné du réalisateur Laurent Chevalier pour le tournage d'un documentaire sur Mariano Van Gelderen, l'homme qui parlait aux baleines. Pour le film, j'avais eu la chance exceptionnelle de côtoyer de près ces énormes bêtes pacifiques de 15 mètres de long, qui déplacent avec indolence leurs 60 tonnes de graisse et de muscles. Je plongeais durant des heures sans me lasser et m'approchais jusqu'à les toucher. Curieusement, elles venaient facilement au contact, si bien qu'il fallait s'équiper de gants pour ne pas se blesser les mains sur les callosités tranchantes qui poussent autour de leur bouche et sur leur tête géante occupant environ un tiers du volume du corps. Pour se nourrir, la baleine abaisse sa lourde mâchoire inférieure et avance lentement la gueule ouverte tapissée d'une forêt de fanons de trois mètres de long qui pendent de la mâchoire supérieure. Ces longues tiges cornées, flexibles, sont faites de la même matière que nos ongles et nos cheveux. Il y pousse de solides poils qui, comme un tamis, filtrent le krill, les petits poissons, des larves pélagiques et des copépodes dont elles se nourrissent passivement. En surface, la baleine franche est repérable de loin à son souffle puissant caractéristique, deux jets distincts en forme de V qui sortent des évents placés au sommet de la tête. Précisons que les mammifères marins ne soufflent pas d'eau, c'est l'air qu'ils expulsent de leurs poumons qui pulvérise l'eau de la surface. Mais le plus surprenant sont les sauts de ces mammifères géants, propulsant leurs dizaines de tonnes au-dessus de l'eau jusqu'à dix fois de suite. Leurs « splash » peuvent être entendus à un millier de kilomètres. Est-ce un moyen sonore de communiquer avec des groupes éloignés ? En tout cas, il ne semble pas s'agir de parade nuptiale, car cette espèce a une particularité unique dans le règne animal : les mâles ne se combattent pas pour conquérir la dulcinée. Chez les baleines franches, la femelle s'accouple avec plusieurs mâles. Les observateurs en ont recensé jusqu'à sept pour une seule femelle. Après douze mois de gestation, la parturiente met au monde un beau bébé de cinq à six mètres de long, pesant près d'une tonne et demie, auquel elle va offrir pendant quatre à six mois une tétée journalière de 125 litres d'un lait maternel très riche en graisse. Il faut que le nouveau-né grandisse vite, environ trois centimètres par jour, car à l'arrivée du printemps il devra suivre sa mère pour sa première grande migration vers l'océan Austral. Là-bas, pendant tout l'été, ils se gorgeront de proies faciles dans les eaux froides et riches à la périphérie de l'Antarctique.

En Argentine, la baleine franche australe est un « monument naturel national ». Elle apparaît même sur un billet de banque. Et, la péninsule Valdés est certainement un des meilleurs endroits de la planète pour observer les cétacés. Les visiteurs viennent du monde entier. Fort heureusement, cette activité a été réglementée dès 1983, avec la création d'une « Réserve naturelle pour un développement intégré du tourisme » et surtout une Réserve marine intégrale qui s'étend à cinq milles nautiques de la côte tout autour de la presqu'île. La péninsule

Valdés a été inscrite au patrimoine mondial de l'UNESCO en 1999. Depuis, le tourisme des baleines est encadré par la province de Chubut, avec une rigueur environnementale exemplaire, pour faire du *whale watching* une activité économique durable. C'était nécessaire, car le nombre de visiteurs ne cesse de croître – ils étaient 70 000 en 2002 et 120 000 en 2015 –, au point que l'activité est devenue le troisième revenu de la province après le pétrole et la pêche.

Ce premier reportage dans l'intimité des baleines franches fut un des plus enthousiasmants et j'avais du mal à les quitter. Avant de poursuivre notre navigation vers le sud, je m'accordai un petit tour en kayak pour m'approcher en silence au plus près de ces monstres pacifiques. Soudain, sans avoir rien vu venir, je suis soulevé par une baleine qui émerge à l'endroit où je me trouve. Impuissant, mon esquif glisse sur le dos rond de la bête et coule à pic. Tant bien que mal j'arrive à m'extraire du kayak et suis aspiré dans le sillage de la baleine jusqu'à heurter sa caudale. À ce moment, elle réagit d'un violent coup de queue qui me propulse en l'air, à trois mètres de hauteur d'après ceux qui m'ont vu depuis le bateau. Ce furent quelques secondes de panique pendant lesquelles j'ai craint de me faire écraser d'un coup de battoir à la surface de l'eau. Tout s'était passé très vite et, en alerte, j'avais réussi à faire signe que l'on vienne me chercher. Je pouvais à peine nager, j'avais du mal à respirer. La radiographie faite à l'hôpital de Puerto Madryn confirma le diagnostic : deux côtes fracturées.

Le soir même, nous partions pour les Malouines malgré une météo peu clémente, un vent d'ouest établi à 35 nœuds ; heureusement nous étions au portant. Bien ficelé à ma bannette pour ne pas trop être secoué, cet accident de baleine me trottait dans la tête. Je m'interrogeais sur les intentions de ce mammifère pacifique. M'avait-elle vu ? À terre, les éléphants, les rhinocéros et bien d'autres animaux chargent quand ils sont irrités à force d'être traqués à outrance. Les baleines franches de la péninsule Valdés seraient-elles fatiguées de la présence des bateaux qui leur tournent autour ? Petit esquif à la surface, j'étais un importun à sa mesure. N'était-ce pas un signal de l'espèce qu'elle m'adressait : de grâce, laissez-nous tranquilles !

XIII

Des calmars à défendre

Malouines, octobre 1991

Notre arrivée à Port Stanley, la capitale des îles Malouines, avait été mouvementée : mer agitée par une forte brise d'ouest à 40 nœuds. Ici, on est tout près du cap Horn et plus très loin de la péninsule Antarctique, autant dire que l'archipel est irrigué par des vents hurlants et un froid humide une majeure partie de l'année. Nous étions en terre britannique et on nous le faisait savoir. Dans le jardin de la maison du gouverneur, le pavillon des Malouines flottait en haut du mât. Sur un fond bleu nuit, l'Union Jack côtoyait les armoiries de l'île : un bateau du XVIIe siècle rappelant la découverte de l'archipel par les Britanniques – en l'occurrence l'intrépide corsaire John Strong et ses hommes –, surmonté d'un mouton, symbole des grands élevages de l'archipel, et tout en bas cette devise : *Desire the Right*, autrement dit, que le droit soit appliqué. Un message clair pour un petit groupe d'îles perdues tout au sud de l'océan Atlantique qui fut tour à tour convoité par les Anglais, les Espagnols, les Français et les Argentins !

Cette histoire mouvementée se raconte dans son nom, ou plutôt ses noms : Falklands en anglais, Malouines en Français,

Malvinas en Espagnol. Au XVIIIe siècle, les Anglais fréquentaient peu ces parages alors que de nombreux navigateurs français pratiquant le commerce interlope y faisaient escale sur la route du Pacifique. Majoritairement originaires de la région de Saint-Malo, ils nommaient ces îles les Malouines. Bougainville, officier de marine français (1729-1811) choisit cet archipel comme camp de base avancé pour ses explorations vers un hypothétique continent austral que l'Académie royale des Sciences lui enjoignait de rechercher. Mais il fut bientôt sommé de s'en aller : l'Espagne s'inquiétait des manœuvres françaises sur ces îles qu'elle considérait comme une dépendance de l'Amérique du Sud. Bougainville reçut l'ordre d'abandonner son initiative. L'archipel fut rétrocédé à l'Espagne qui le nomma *Islas Malvinas* – traduction espagnole du nom français. À cette époque, le canal de Panama n'existait pas et les Malouines avaient une position stratégique sur la route de l'Atlantique au Pacifique qui attisait les convoitises. Après les Français, les Anglais se firent pareillement expulser par les Espagnols. Mais en 1833, les Britanniques réussirent à établir leur souveraineté. Le paysage et le climat convenaient aux Écossais. Ils vinrent en nombre et développèrent des élevages extensifs de moutons, construisirent des ateliers de réparation au service des navires de commerce et de pêche qui croisaient dans le secteur. C'était sans compter sur la pugnacité de l'Argentine qui, depuis son indépendance en 1816, considérait que cet archipel hérité de l'Espagne lui appartenait. Elle n'a jamais cessé de revendiquer « ses îles » jusqu'à lancer une tentative d'invasion en 1983. Cette guerre des Malouines, remportée par les Anglais, a scellé pour longtemps la possession de l'archipel par la couronne britannique.

Si la tonte des moutons et la production de laine furent longtemps le moteur économique de l'archipel, sa principale source de revenus est aujourd'hui tirée du tourisme et des licences de pêche au calmar vendues aux navires européens et asiatiques. Au mouillage à Port Stanley, le commandant du chalutier espagnol *Hermanos Touza,* accepta d'embarquer notre équipe de tournage pour la réalisation d'un documentaire sur la pêche au calmar. Nous le suivions à distance avec *Antarctica*. Éric, notre mécanicien, les accompagnait. Lui qui n'était en général pas bavard en revint tout abasourdi.

– C'est une cadence infernale. Le chalut est remonté en moyenne toutes les quatre heures. Les calmars sont déversés dans la soute où ils sont triés, lavés, mis en bloc et congelés. Pendant ce temps, le chalut est redescendu et, si la pêche est bonne, les gars ont à peine terminé que le chalut suivant arrive. Quand la pêche est exceptionnelle, ils peuvent passer 36 heures sans dormir. Personne ne se plaint, ils ont de bons salaires et des primes au tonnage, aussi ça ne chôme pas. Ils restent sur zone pendant cinq mois avant de rentrer en Espagne – ils sont pratiquement tous de la région de Vigo. Et le retour n'est pas de tout repos. La traversée dure environ trois semaines pendant lesquelles ils réalisent les travaux d'entretien du bateau. Et après 36 jours de congé, ils reviennent pour une nouvelle saison.

De retour au mouillage, le gouverneur accepta notre invitation à dîner et il nous fit part des difficultés de ses équipes à réguler la pêche : « Le calmar est une ressource essentielle dans les revenus des Malouines. Ici on en trouve deux sortes, le Loligo, que chalutaient sur le fond les Espagnols, et l'Illex, pêché la nuit avec de puissantes lumières qui les attirent vers la surface. L'Illex était surtout pêché par les Asiatiques avec des bateaux équipés de centaines de perches sur lesquelles circulaient des lignes d'hameçons. Des quotas de pêche sont établis avec une extrême rigueur. Mais ce n'est pas simple d'attribuer des permis de pêche car les calmars sont des créatures insaisissables, difficiles à compter et fluctuantes d'une année à l'autre. Les calmars ont une vie courte, ils frayent à l'âge d'un an et meurent après la reproduction. Donc chaque année, la pêche dépend directement du succès du frai de l'année précédente, de sorte que l'on ne peut pas fixer de contingent valable avant que la pêche n'ait commencé. On part sur un quota que l'on fait évoluer en temps réel. En cours de pêche, on estime le stock en fonction de la décroissance des débarquements et il est arrivé qu'on ferme la pêche si on estime que la biomasse de calmars atteint un niveau minimal à conserver. Mais le problème est surtout la pêche illégale : soit des bateaux sans permis dans notre zone économique, soit des navires en pleine mer qui sont incontrôlables. »

Telle était la situation en 1991. Mais depuis trois décennies, partout dans le monde, la pêche des céphalopodes (calmar, seiche, poulpe) suscite un grand intérêt. Elle a pris le relais face à l'effondrement des populations de poissons surexploitées. En diminuant la compétition pour l'accès à leurs ressources nutritives, on a assisté à une recrudescence de la population des céphalopodes. Jadis considérés comme des prises accessoires, ils sont désormais la cible des flottes de pêche internationales. Haro sur le calmar ! À l'échelle mondiale, ce sont 30 à 40 espèces qui ont aujourd'hui un intérêt commercial.

Selon l'Organisation pour l'alimentation et l'agriculture (FAO pour Food and Agriculture Organization) des Nations Unies, les prises mondiales sont passées d'environ 1 million de tonnes en 1970 à 3 millions de tonnes en 2000 et jusqu'à 4 millions de tonnes en 2015. Mais en 2016, elles sont redescendues à 2,8 millions de tonnes. Outre la baisse des effectifs, c'est la diminution de la taille des prises qui est inquiétante. On craint que les céphalopodes ne soient pêchés avant qu'ils aient atteint l'âge de se reproduire, ce qui entraînerait un déclin rapide des populations.

Il devient donc urgent de gérer les stocks de manière appropriée afin qu'ils ne subissent pas le sort de nombreux poissons qui, dans un passé récent, ont été décimés. La FAO a tiré la sonnette d'alarme auprès des principaux acteurs pour améliorer la gestion des pêcheries de calmars. Mais au-delà de la Zone Économique Exclusive (ZEE) des pays côtiers, qui s'étend au large jusqu'à 200 miles nautiques, les zones maritimes internationales ne sont sous l'autorité d'aucun État et le principe de liberté prévaut. Ainsi, des obstacles importants se dressent sur le chemin de la régulation des pêches. En 2018, l'imposante flotte chinoise a capturé les trois quarts de la pêche mondiale de céphalopodes dans les eaux internationales et les ZEE de certains pays où ils achètent des droits de pêche. Aucune gestion durable ne pourra être mise en place sans exiger une traçabilité rigoureuse des importations de la part des industriels. Il est grand temps de contrôler cette pêche sauvage, de mettre un terme à l'aveuglement collectif, car, au-delà du coup porté aux populations de seiches, de calmars et de poulpes, c'est l'ensemble de la faune marine qui est mise en péril.

En mer, tout le monde s'en nourrit : les poissons, les oiseaux, les manchots, les phoques, les baleines, les cachalots… et en abondance, jusqu'à 35 millions de tonnes par an, uniquement dans les eaux encerclant l'Antarctique.

Pour justifier leur pêche intensive, les Chinois prétextent que les populations de céphalopodes suivent généralement une stratégie « d'expansion et de récession », dont la biomasse varie de plusieurs ordres de grandeur d'une année à l'autre. Mais comment évaluer ces changements ? Et que sait-on réellement de la vie de ces espèces fascinantes ?

Les calmars, comme les pieuvres, possèdent des capacités cognitives sidérantes, comparables à celles des vertébrés. Camouflage, vision, innovation, tromperie, apprentissage, ils s'adaptent facilement à leur environnement pour échapper à leurs prédateurs. En captivité, ils exploitent la moindre faille pour s'évader de l'aquarium. Avec deux grands yeux, ces décapodes – huit bras et deux tentacules terminés par des ventouses –, sont très agiles pour saisir des petits crustacés, des poissons, crabes, krills et crevettes. Ils sont volontiers cannibales si la nourriture vient à manquer. Munis d'un siphon propulseur, véritable hydrojet, ils se déplacent à la vitesse de l'éclair pour capturer leurs proies et sont capables de migrer à plus de 1 000 kilomètres en quête de subsistance. Ce sont des carnivores à l'appétit vorace pour maintenir un niveau de croissance rapide, puisque ces invertébrés meurent après le frai. Certes, les céphalopodes ont un taux de renouvellement rapide et s'adaptent facilement aux modifications du milieu, mais jusqu'à quelle limite ?

Revue de presse au moment où j'écris ces lignes

– Paru sur le site *France Média Monde* le 6 août 2020. Depuis la mi-juillet, une flotte de plus de 280 navires, dont une majorité de Chinois, pêche le calmar en longeant la frontière de la réserve maritime des îles Galápagos, en Équateur, où des dizaines d'espèces menacées trouvent refuge. Ils sont repérés et identifiés par des outils de suivi tels que Marine Traffic et sur le site *Global Fishing Watch*.

– Paru dans le *Penguin News*, le journal des Malouines du 1er mai 2020. Environ 400 *jiggers*[16] chinois (repérés avec les mêmes outils) sillonnent l'Atlantique Sud, dont une bonne centaine pêche en bordure de la ZEE des Falklands et capturent des tonnes de calmar Illex, jusqu'à 80 tonnes dans une bonne journée continue. Sur le même journal du 16 juillet 2020, la Direction des ressources naturelles de Port Stanley annonce que les captures de la première saison 2020 des Falklands sont en régression d'environ 50 % par rapport à celles de l'année dernière.

Dans ses moments de désespérance sur la nature humaine, Théodore Monod, qui était fasciné par l'intelligence des poulpes, prédisait[17] qu'après le règne des humains, la prochaine espèce à dominer notre planète pourrait bien être les céphalopodes.

---

16. *Jiggers* est le nom des navires-usines qui utilisent des lumières puissantes pour attirer les calmars à la surface. Ils les capturent avec des centaines de cannes installées sur le pont et sur lesquelles circulent des lignes équipées de plusieurs milliers d'hameçons où sont accrochés des leurres.

17. Théodore Monod, *Et si l'aventure humaine devait échouer*, Grasset, 1991.

XIV

Bird Island, renaissance d'une espèce disparue

Géorgie du Sud, novembre 1991

Au troisième jour de mer, après avoir quitté les Malouines, une falaise de glace apparut à travers un voile de brouillard, un iceberg tabulaire échoué, signe que nous approchions d'une côte. En moins d'une heure, le ciel se leva et, comme un mirage, de hautes montagnes enneigées émergèrent sur l'océan bleu nuit. Nous étions au large de la Géorgie du Sud, un des plus puissants sanctuaires marins de la Terre, découvert en 1775 par le célèbre explorateur britannique James Cook.

Nous arrivions à la mi-novembre en pleine période de reproduction, d'éclosions, de mises bas, sous un ciel traversé de nuées d'albatros en partance pour l'océan, à la recherche de nourriture pour leurs nouveau-nés. On fit une première escale à Bird Island, à l'extrémité nord-ouest de l'arc insulaire géorgien. Par radio, le chef de la station de recherche du British Antarctic Survey nous invita à débarquer sur cette réserve naturelle interdite d'accès. Pour rejoindre le bâtiment, on se fraya un chemin entre des bébés otaries tranquillement allongés sur la grève, repus après la tétée, indifférents au bruit de nos pas sur la grève.

Huit chercheurs, femmes et hommes, nous accueillirent chaleureusement ; ici, les visiteurs sont plutôt rares. Tous s'étaient engagés avec passion à étudier durant un an et demi la faune de cette île subantarctique, balayée par la glaciale humidité d'incessants vents d'ouest arrivant du cap Horn. L'eau froide de l'océan régule la température moyenne, proche de 0 °C en hiver à plus 4 °C en été. Pour ces chercheurs naturalistes immergés au cœur de la vie sauvage, cette mission au bout du monde était la réalisation d'un rêve.

Durant l'été austral, Bird Island est parmi les maternités les plus actives et denses du monde. On estime que l'île abrite 20 000 paires d'albatros de plusieurs espèces, 65 000 paires de manchots, des macaronis (gorfous dorés en majorité qui se distinguent par des touffes d'aigrettes jaunes implantées au sommet de la tête), et 50 000 couples d'otaries à fourrure antarctique. Si on ajoute à cela les colonies de pétrels géants, goélands, prions, labbes, etc., la densité d'occupation en période de nidification et de reproduction est d'environ un animal par mètre carré et demi sur cet îlot de 5 kilomètres de long et 800 mètres de large. C'est dire s'il y a du monde à nourrir ! Cela donne une idée de la richesse en krills, calmars, poissons et autres copépodes de ces mers australes.

James, le spécialiste des otaries, nous proposa de visiter la colonie sur laquelle il travaillait. Mais au préalable, il nous fit un petit exposé : l'otarie à fourrure antarctique est aussi appelée otarie de Kerguelen, car le premier spécimen fut prélevé sur l'île éponyme en 1875 par une expédition allemande. Ces otaries se caractérisent par de petites oreilles pointues de part et d'autre de la tête, et leur façon très droite de se tenir assises, le tronc et la tête haute, en s'appuyant sur leurs deux nageoires antérieures posées à plat sur le sol. À l'arrière du corps, elles ont deux palmes sur lesquelles elles s'appuient pour avancer par petits sauts. Ainsi, en se soulevant avec ses nageoires antérieures et aidée par la poussée de ses postérieures, l'otarie peut se déplacer rapidement, voire galoper en décollant le reste du corps. Par opposition le phoque, dont les nageoires antérieures ne sont pas aussi développées, se déplace lentement et plus lourdement, par reptation.

Avant de partir sur son terrain d'étude, James distribua un bâton de ski à chacun de nous.

– Ce n'est pas une canne pour la marche, c'est une défense pour écarter l'otarie en cas de charge. Je vous en parlerai en arrivant à la colonie.

Après vingt minutes de marche sur un sentier bien balisé, il s'arrêta en haut d'une colline qui surplombait les eaux grises et ventées de l'océan Austral. Il se tourna vers nous en balayant du bras la combe qui s'étendait jusqu'à la mer :

– Voyez, c'est mon aire de recherche, j'y viens tous les jours observer l'évolution de ce biotope très actif où se concentrent en quelques mois toutes les étapes de la pérennité de l'espèce : naissances, allaitement, procréation. Et tout ce monde repartira en mer une fois le cycle accompli.

Comme on ne voit ces animaux qu'à terre, au moment de la reproduction, on imagine mal qu'ils passent l'essentiel de leur vie à nager en mer.

James nous mit en garde :

– On va traverser ce champ de tussock pour descendre jusqu'à la côte et il faut faire attention ! Une part de la vie terrestre des otaries se passe cachée sous ces hautes herbes et elles peuvent avoir des réactions agressives. Si une femelle est surprise, notamment si son petit est à proximité, elle peut se ruer vers vous pour vous intimider. En général elle s'arrête, mais il faut surtout se méfier des mâles, très agités et en pleine constitution de leur harem. Ils sont polygames et, aux bonnes saisons, peuvent s'accoupler avec une vingtaine de femelles. Cela crée des tensions dans la colonie et ils n'hésitent pas à charger si on les dérange. Soyez vigilants, car ils peuvent mordre et ils ont de bonnes dents. C'est à ce moment-là qu'il faut se servir du bâton pour les tenir à distance.

Nous avons traversé le champ de tussock sans incident. Sur la plage de sable gris, un nouveau-né tétait les yeux fermés, abandonné au sein de sa mère.

– Elle va l'allaiter pendant deux ou trois jours puis partira en mer pour refaire ses réserves. Son lait est très riche en graisse, car le bébé doit grandir assez vite pour être apte à partir en mer après quatre mois d'allaitement. Il prendra le large pour plusieurs années et à la maturité sexuelle il reviendra ici, sur son lieu de naissance, pour continuer le cycle de reproduction.

En rentrant à la station, James nous servit une tasse de thé et poursuivit l'histoire de ces otaries qui sont au cœur de sa vie.

– En 1957, quand la station a été créée, Bird Island était essentiellement habitée par des oiseaux de mer, d'importantes colonies de manchots et quelques rares otaries de Kerguelen. L'espèce avait pratiquement disparu de la planète, exterminée par une chasse intensive qui débuta à la fin du XVIIIe siècle, incitée d'ailleurs par le récit du deuxième voyage de James Cook qui fit état de l'abondance de mammifères marins sur ces îles subantarctiques. Entre 1786 et 1907 des armadas de phoquiers poussèrent le massacre jusqu'au dernier vivant si bien qu'au début du XXe siècle, l'otarie de Kerguelen était considérée comme une espèce proche de l'extinction. Cette année, on compte environ 50 000 couples sur l'île et on pense, d'après les archives, que la population est revenue à son niveau d'avant les massacres[18].

Le visage enjoué, empreint de fierté et d'enthousiasme, James conclut en guise d'au revoir :

– Vous savez, l'otarie de Kerguelen a survécu grâce à une seule petite population réfugiée ici sur Bird Island, à partir de laquelle elle s'est développée et a repeuplé les autres îles subantarctiques où elle avait disparu.

James avait le regard bleu et la barbe en friche de ceux qui passent leur vie dehors depuis longtemps. Écologiste profond, amoureux de la nature et de ses otaries, on pouvait voir à son sourire qu'il avait trouvé sa niche écologique. Il se nourrissait du besoin de se sentir un maillon de la sauvegarde du monde. On peut aujourd'hui encore faire des miracles si tout le monde s'y met.

18. L'otarie de Kerguelen est toujours protégée par les États dans les eaux desquels elle réside (Afrique du Sud, Australie, France) ainsi que par la Convention sur la protection des phoques de l'Antarctique au sud du 60e parallèle entrée en vigueur en 1972. Elle figure également dans l'annexe 2 de la CITES et elle est classée par l'UICN comme une espèce de préoccupation mineure.

XV

Grytviken, vestiges d'un génocide

Géorgie du Sud, novembre 1991

Après Bird Island, nous avons débarqué à Grytviken, un village baleinier en ruine construit en 1904 sur la côte est de la Géorgie du Sud. Quelle tristesse. Bâtiments industriels dégradés, citernes de graisse géantes oxydées, moteurs éventrés enfoncés dans la boue, vieux bateaux baleiniers échoués, chaînes de gros calibre rouillées avec lesquelles on hissait à terre le corps des baleines. La grève était jonchée des côtes et des mandibules géantes abandonnées depuis la fin du massacre. Seule la chapelle en bois peinte en blanc tenait encore debout, le cinéma était en voie d'effondrement. Grytviken est le symbole d'un acharnement humain, jusqu'à dépeupler l'océan d'une espèce vivante.

Au plus fort de l'activité, une centaine d'équarrisseurs travaillaient ici sans interruption. Deux équipes de quart se relayaient tout au long des journées sans fin de l'été austral. Je tentais d'imaginer ce que pouvait être le labeur harassant de ces hommes qui dépeçaient inlassablement des montagnes de chair dans la fumée noire des fours à graisse et l'odeur pestilentielle des corps en décomposition, pataugeant des heures dans le sang et les viscères sous les envols assourdissants de milliers d'oiseaux de mer qui venaient au festin. Ils gagnaient ici de quoi se faire une existence chez eux. Les archives sont encore vivantes : en un demi-siècle, 175 250 cétacés ont été capturés et fondus dans les fours à graisse, remplissant 10 millions de barils[19] vendus en Europe et aux États-Unis. Vers 1970, « le combat cessa faute de combattants[20] ». Mais comment en était-on arrivé là ?

Pratiquées par les peuples autochtones de l'Arctique, par les Japonais, par les chasseurs de cachalots des Açores, ces pêches étaient essentielles à la vie des peuples. Paul-Émile Victor parle de la « civilisation du phoque », tant ces ressources marines, utilisées avec génie et parcimonie, étaient au cœur de la vie et des croyances des Inuits du Groenland avec lesquels il vécut. À partir du XVIIe siècle, l'abattage s'intensifia. Au départ, les méthodes et les moyens restaient artisanaux. Les peintures exposées dans les musées baleiniers sont éloquentes sur l'héroïsme de ces chasseurs. Six rameurs et un harponneur fonçaient sur la baleine à bord d'une chaloupe ouverte, ballottée par les vagues. Parfois, un coup de caudale renversait l'embarcation. C'était un métier dangereux. Lorsque la baleine était harponnée, les hommes passaient un lasso autour de la queue et amenaient la proie jusqu'au bateau baleinier. Le long de la coque, debout sur le corps flottant du mammifère, d'agiles équarrisseurs découpaient

19. Le baril faisait 160 litres, le même volume que les barils actuels de pétrole.

20. Corneille, *Le Cid*.

la peau en lambeaux. Certains navires, équipés de fondoirs, ne revenaient au port que lorsque les cales étaient pleines de barils de la précieuse huile. Pour augmenter la cadence, les compagnies de pêche installaient une station à terre pour la découpe et la fonte. J'ai eu l'occasion de visiter les vestiges d'une de ces colonies au nord du Spitzberg, au fond de la baie de Smeerenburg où nous avions jeté l'ancre d'*Antarctica* avant l'hivernage en 1995. La plage était parsemée de troncs de bois flotté et de quelques rares os de géants vaincus depuis des siècles. Smeerenburg, qui signifie la « ville de la graisse » en néerlandais, fut fondée en 1617. Certains étés fastes, on dénombra jusqu'à 200 navires dans cette région du Spitzberg et plus au nord jusqu'aux limites de la banquise. Les livres d'histoire évoquent des chiffres impressionnants : selon les saisons, entre 1 000 et 2 000 baleines franches étaient tuées ! Le camp de Smeerenburg fut abandonné dès 1660, soit 43 ans après sa construction, les baleines franches du Groenland ayant été décimées dans le secteur. À cette époque lointaine, le harponnage se faisait avec des méthodes de chasse artisanales, à la seule force de l'homme, et on parlait déjà de dissémination d'une espèce ; alors, imaginez par la suite !

Au siècle suivant, la chasse prit en Europe une ampleur jusque-là inconnue. Anglais, Français, Norvégiens et de très nombreux Hollandais – qui ont compté jusqu'à 400 navires baleiniers au XVIIIe siècle – sillonnaient les mers à la recherche des précieux cétacés. Les Basques, qui furent les premiers harponneurs de la baleine franche dans le golfe de Gascogne – d'où son appellation de baleine des Basques –, vendaient à prix d'or leur savoir-faire aux nouvelles compagnies anglaises et néerlandaises. La multitude des ressources qu'offraient les mammifères marins était devenue indispensable au quotidien des Européens. Dans les fanons, on taillait des « baleines » flexibles et rigides pour les soutiens-gorges, les corsets, les cols de chemises ou encore les parapluies. Les intestins étaient utilisés pour fabriquer des cordages et la peau servait à la confection de ceintures. L'huile était massivement utilisée pour l'éclairage urbain, qui se développait dans les capitales, la fabrication de savons, mais aussi de parfums, de cosmétiques ; elle servait également à graisser les machines, à tanner les cuirs. Les enjeux étaient comparables à ceux que représentera le pétrole un siècle plus tard. Et la production connut la même cadence infernale : une baleine pouvait à elle seule remplir entre 70 et 140 barils de 160 litres d'huile. La cargaison d'un baleinier chargé à pleine capacité pouvait, selon les cours, rapporter l'équivalent d'un million d'euros actuels. Il n'était pas rare que les bateaux rentrant de campagne se fassent attaquer et rançonner par des navires pirates. L'huile de baleine a été l'or gras, bien avant l'or noir.

Durant la première moitié du XIXe siècle, la chasse connut une intensification en Atlantique Nord. Aux Européens vinrent s'ajouter les chasseurs de la côte est-américaine. Il suffit aujourd'hui de visiter les anciens ports baleiniers de Nantucket et de Mystic Seaport pour se rendre compte de l'essor de l'industrie baleinière à cette époque. C'étaient des milliers d'emplois pour la construction navale, la fabrique des barils et l'exploitation forestière afférente. Plus de 150 baleiniers américains écumaient l'océan jusqu'à la frontière de la banquise, recueillant 200 000 tonneaux d'huile en une seule saison.

Leurs victimes furent tout d'abord les baleines franches – traduction française de *Right Whale*. Franches, car elles nagent lentement et sont donc faciles à harponner, mais aussi parce que, même mortes, elles flottent, contrairement aux autres cétacés. Puis les compagnies s'attaquèrent à d'autres espèces, notamment le cachalot dans la région des Açores. Les navires s'approvisionnaient en produits frais dans le port de Horta, l'occasion pour ces compagnies de recruter sur le quai des marins qui recevaient par la même occasion un passeport américain.

Le cachalot quant à lui est un animal vif, qui peut se défendre avec férocité lorsqu'il est attaqué. Son harponnage demandait beaucoup d'expérience et une maîtrise que possédaient les Açoriens. Peu fourni en graisse et sans fanon – le cachalot est un odontocète, une baleine à dents, qui intéressait l'industrie baleinière pour son spermaceti. Il s'agit d'une substance blanche, semi-liquide, cireuse, extraite d'une poche géante située au-dessus de la tête ; un mâle adulte qui pèse entre 30 et 40 tonnes peut en accumuler jusqu'à 5 tonnes. Les premiers chasseurs pensaient qu'il s'agissait du liquide séminal de l'animal, d'où son appellation spermaceti, qui lui vaut le nom anglais de *Sperm Whale*. Ce produit était particulièrement recherché pour la fabrication de cosmétiques, savons, bougies à flamme brillante et inodore, lubrifiants pour le tannage du cuir. On attribue à cette poche de masse visqueuse le rôle d'écholocation pour repérer ses congénères et de stabilisateur en plongée ; le cachalot descend parfois jusqu'à 1 000 ou 2 000 mètres pour rechercher ses proies mais généralement il reste entre 300 et 800 mètres. Le cachalot produit également un ambre gris[21], acheté à prix d'or pour sa fragrance très particulière que les parfumeurs utilisent comme fixateur de fond. Caché dans les entrailles de la bête, il s'agit d'une sorte de « calcul intestinal » composé de sécrétions biliaires et de restes alimentaires – notamment les becs cartilagineux des calmars et des seiches qui constituent le plat principal du cachalot. En général l'ambre gris, qui flotte, est expulsé par les voies naturelles, puis transporté par les courants sur les côtes. N'échappant pas au même appétit industriel, les populations de cachalot se sont raréfiées jusqu'à ce que, bien tardivement, en 1985, la Commission baleinière internationale proclame la pleine protection de l'espèce. Aujourd'hui, la population de cachalots est estimée entre 300 000 et 450 000 individus, ce qui représenterait une réduction de 60 % de la population d'avant le début de l'exploitation par l'homme.

Les choses empirèrent encore durant la seconde moitié du XIXe siècle car la chasse s'industrialisa. En 1864, le Norvégien Svend Foyn arma une flotte de baleiniers à vapeur équipés de harpons à tête explosive de sa fabrication. Propulsé par un canon, le harpon, lancé à une cinquantaine de mètres, s'enfonçait profondément dans la chair de la baleine. L'animal, en se défendant, signait son arrêt de mort. La tension qu'il exerçait sur la corde ouvrait des ardillons en étoile, empêchant le harpon de sortir et déclenchait une explosion assassine. C'était une déclaration de guerre mondiale contre toutes les populations de cétacés… Ce redoutable engin mit au chômage

21. À ne pas confondre avec l'ambre, qui est de la résine sécrétée par des conifères et fossilisée depuis des millions d'années.

toute une génération d'héroïques harponneurs qui, jusqu'à présent, s'attaquaient à la placide et lente baleine franche. Monté sur des bateaux rapides, le canon permettait de toucher des espèces qui leur étaient inaccessibles comme le rorqual commun, deuxième plus gros animal de la planète derrière la baleine bleue. Beaucoup plus rapide – il peut atteindre 40 km/h –, il demeurait inaccessible au harpon lancé à la main. Mais ce n'est pas tout. Comme les cétacés, hormis la baleine franche, coulent une fois mort, le Norvégien compléta son arsenal en injectant de l'air comprimé dans le ventre du cadavre pour le maintenir à la surface. La tâche était encore plus facile avec les rorquals communs qui sont grégaires et se déplacent souvent en troupe d'une dizaine d'individus. La méthode du gonflage permettait de s'attaquer un à un à chaque groupe, puis de venir récupérer les proies flottantes marquées du fanion de la compagnie. Les Norvégiens étaient à la pointe du combat. Lorsque les « stocks » des mers de Norvège et de Barents, à l'extrême nord du pays, commencèrent à décliner, ils s'installèrent plus au sud, en Islande, sur le trajet migratoire des baleines bleues et autres rorquals, entre l'Atlantique et l'océan Arctique, où la saison était plus longue. Entre 1889 et 1915, les Norvégiens, grâce à un accord négocié avec le Danemark[22], construisirent quatorze stations baleinières en Islande, véritables usines qui exploitaient 100 % de l'animal : *Total carcass utilization* était une vérité aussi bien qu'un slogan commercial. On fabriquait de l'engrais agricole avec les os broyés en fine poudre mélangée aux restes de viande

22. L'Islande accède à l'indépendance en 1918, le Danemark conservant cependant la souveraineté sur les affaires étrangères et de défense jusqu'en 1944.

essorés jusqu'à la dernière goutte d'huile tandis que le jus de cuisson servait à la confection de la colle. L'intensité de la chasse était telle qu'au bout de dix ans, la population se raréfia et les faillites se succédèrent. Les Norvégiens, qui fournissaient 70 % de la production mondiale d'huile de baleine, étendirent alors leurs installations aux îles Féroé, aux Shetlands, aux Hébrides, en Irlande. Et, après avoir en partie décimé les populations de baleines de l'hémisphère Nord, c'est vers l'Antarctique qu'ils déplacèrent leurs entreprises.

En 1904, le norvégien Carl Anton Larsen fonda à Buenos Aires la *Compañía Argentina de Pesca*. C'est lui qui construisit Grytviken, où l'on débarqua avec *Antarctica* en 1991. Larsen avait 44 ans et déjà une solide expérience des mers du Sud. Pendant près de 20 ans, il avait chassé le phoque et les otaries en péninsule Antarctique. En ce début du XXe siècle, les eaux de la Géorgie du Sud regorgeaient de krills, de copépodes et autres petits poissons dont les baleines venaient se repaître durant l'été austral.

Larsen utilisait lui aussi la méthode du gonflage et, très vite, on se rendit compte que les injections d'air dans le corps de l'animal avaient une fâcheuse tendance à accélérer la destruction des tissus et le rancissement des graisses. Pour limiter la fermentation, et grâce aux progrès de la médecine, des antibiotiques furent introduits conjointement à l'air injecté.

Les progrès de la chimie mirent en évidence d'autres usages inattendus. Pendant la Première Guerre mondiale, l'industrie baleinière devint un fournisseur de glycérine, à partir de laquelle était fabriquée la nitroglycérine, un composant de la dynamite. Cet explosif servait aussi à l'exploitation minière et aux chantiers du réseau routier en plein développement.

Dans les années 1920, des scientifiques établirent que l'injection intraveineuse d'insuline extraite du pancréas de porc – l'animal avec lequel nous avons le plus de proximité biologique – diminue la glycémie des personnes diabétiques. L'insuline était alors produite à des fins thérapeutiques à partir du pancréas de porc et de bœuf. Compte tenu de ces bons résultats, l'industrie baleinière proposa les pancréas de cétacés bien plus volumineux que celui de nos animaux domestiques. Plus tard, en 1950, un médecin américain découvrit les bienfaits de l'ACTH (hormone adrénocorticotrope) sur les rhumatismes. Cette hormone était extraite de l'hypophyse des porcs jusqu'à ce que les Norvégiens, comme pour le pancréas, proposent des hypophyses de baleine cent fois plus volumineuses. Le dépeçage devint alors chirurgical : des spécialistes venaient sur place disséquer la base du cerveau des cétacés géants. Au cours de la première saison (1950-1951), 9 250 hypophyses furent ramenées de Géorgie du Sud, soit l'équivalent de près d'un million d'hypophyses de porc. On découvrit aussi que le foie des baleines était très riche en vitamines A, B et B12. Et ils furent commercialisés. Fort heureusement, la découverte de nouveaux moyens thérapeutiques mit fin à cette exploitation médicale après une dizaine d'années.

C'était surtout le commerce des corps gras qui soutenait l'activité. Si les Russes et les Japonais avaient leurs propres compagnies, en Europe, deux entreprises étaient à la manœuvre : la compagnie néerlandaise Margarine Unie et le fabricant britannique de savon Lever Brothers, qui tous deux utilisaient la graisse de baleine dans leur production. Ils fusionnèrent en 1930, sous le nom d'Unilever. En première ligne sur le marché, ils maîtrisaient le cours de l'huile et régulaient ainsi l'abattage. La multiplication des bateaux-usines et l'intense activité des stations à terre commencèrent à inquiéter les biologistes quant au risque d'extermination qui se profilait. Il devint évident que la chasse devait impérativement être gérée par un organisme indépendant.

La Commission Baleinière Internationale (CBI) fut créée le 2 décembre 1946. Elle avait pour objectif de conjuguer la conservation des populations de baleines et l'industrie baleinière, ce que nous appelons aujourd'hui un « objectif de développement durable ». Le cartel des compagnies baleinières proposa un moyen de réguler la production d'huile : c'est le Blue Whale Unit (BWU), qui classa en équivalent baleine bleue la quantité d'huile qu'on pouvait extraire des cétacés à fanon. Une baleine bleue = deux rorquals communs = deux baleines et demie à bosse = six rorquals boréals. Cette règle, proposée par les industriels, associée à la mise en place d'un quota global pour l'ensemble des nations baleinières fut un échec. Elle provoqua le massacre des plus grandes baleines et amena leurs populations au bord de l'extinction. Ce n'est que dans les années 1960 que des quotas par pays furent adoptés et en 1972 le BWU fut aboli. Dix ans plus tard, les trois quarts des membres de la CBI accordèrent un moratoire sur la chasse à la baleine, dite commerciale. Les Inuits et quelques populations côtières de l'Alaska, de la Sibérie, du Canada ou des Caraïbes furent autorisés à pratiquer ce que l'on nomme la chasse aborigène de subsistance. La Norvège et l'Islande firent la sourde oreille et continuèrent leur chasse, mais exclusivement au large de leurs côtes. En revanche, le Japon n'abdiqua pas et continua à chasser jusqu'en Antarctique sous prétexte de permis spéciaux pour la recherche scientifique. Il est pourtant notoire que la viande de baleine est vendue en toute légalité sur les étals japonais. En 2004, la CBI réitéra la mise en place d'un sanctuaire des mers australes qui couvrait toutes les eaux entourant l'Antarctique, une zone où s'alimentent les trois quarts des baleines de la planète. Le Japon s'y opposa et anima une coalition internationale antisanctuaire. Il fut publiquement accusé d'avoir acheté les voix de pays pauvres par le truchement de l'aide internationale. Les images spectaculaires d'assaut des canots de l'ONG Sea Shepherd contre les baleiniers japonais ont fait le tour du monde. L'image du Japon a souffert de son entêtement, la survie des baleines devenant un symbole pour la majorité des populations du monde. Ulcéré, le Japon quitta la CBI en décembre 2018. Le 1er juillet 2019, il annonça qu'il reprenait la chasse commerciale au petit rorqual – qu'il n'a en réalité jamais cessé de pratiquer –, exclusivement dans la zone économique de l'archipel nippon, abandonnant de fait la chasse dans l'hémisphère Sud.

Aujourd'hui la CBI a la voie libre pour faire de l'océan Austral, cet océan qui unit les eaux de l'Atlantique, de l'Indien et du Pacifique, un immense sanctuaire pour les cétacés. Ce n'est que justice quand on sait que dans ces eaux riches, entre 1904 et 1978, 1 432 862 mammifères marins ont été capturés dont on a extrait 13 893 397 tonnes d'huile[23].

23. De nombreuses informations sont issues du livre très documenté sur la chasse à la baleine, *The History of Modern Whaling* de J. N. Tonnessen et A. O. Johnsen publié par C. Hurst & Co en 1982.

Ce 16 novembre 1991, je déambulais entre les ruines de Grytviken, fermé à l'activité baleinière depuis 1966. Ici, des milliers de baleines bleues, baleines à bosse, rorquals communs furent dépecés, découpés en lamelles et fondus. Dans ce village fantôme qui sent toujours la mort, je cheminais en plein paradoxe. Des manchots papous traversaient en dodelinant des rues désertes encore jonchées de scories. Çà et là, des groupes d'éléphants de mer étaient paisiblement avachis entre des ferrailles effondrées, rongées par le temps et les intempéries. Eux aussi payèrent un lourd tribut de leur chair. Une fois l'homme parti, ces autochtones reprirent possession du territoire sur les lieux du massacre de leurs ancêtres qu'ils semblaient avoir oublié. J'avais sous les yeux l'illustration que la nature est tout ce qui échappe à la volonté de l'homme et qui lui survivra.

XVI

Ernest Shackleton, héros vénéré de l'Antarctique

Île de l'Éléphant, novembre 1991

Le vent ne dégonflait pas et nous avons décidé malgré tout de quitter la Géorgie du Sud. Avec 35 nœuds de face et à contre-courant, le bateau avançait péniblement dans une froide grisaille.

Tristes comme le temps, les cicatrices de cette folle industrie baleinière me revenaient en mémoire. Mais la Géorgie du Sud nous avait offert une autre image. Cette île au bout du monde est certainement aujourd'hui le plus dense sanctuaire de la vie sauvage qui a reconquis son territoire après le génocide des mammifères de l'océan Austral. Et un autre moment, plus personnel, m'avait également donné du courage, l'instant de recueillement sur la tombe d'Ernest Shackleton. Le célèbre explorateur britannique fut enterré là après avoir succombé à une crise cardiaque le 5 janvier 1922 à bord du *Quest,* sa goélette d'expédition. La figure de Shackleton m'accompagne, héros inspirant à plus d'un titre, artisan de ses propres expéditions et remarquable par son ardeur à entreprendre, sa persévérance et sa lucidité.

En 1914, Shackleton a déjà à son actif deux expéditions au pôle Sud, la première aux côtés de Robert Falcon Scott en 1904, et celle qu'il avait dirigée en 1909 jusqu'à 100 milles du pôle, un record qui lui avait valu d'être anobli par la Reine. Le pôle Sud ayant été conquis par Amundsen le 12 décembre 1911, Shackleton projette une expédition des plus ambitieuses : la traversée de l'Antarctique de la mer de Weddell à la mer de Ross. Il sait d'expérience que la constitution d'une équipe solide est primordiale dans ces régions inhospitalières. À Londres, il rencontre une centaine de candidats qu'il interroge sur leurs compétences, leurs expériences et leur motivation. Il ne lui faudra que quelques minutes pour recruter le capitaine de l'*Endurance* : Frank Worsley. Ils ont en commun un engagement précoce pour la mer, puisqu'ils naviguent tous deux depuis l'âge de 16 ans.

Le 5 décembre 1914, l'*Endurance* se présente à l'entrée de la mer de Weddell. C'est un peu tôt en saison, elle est encore très encombrée de glace. Worsley pousse à fond les moteurs pour ouvrir un chenal entre les plaques de banquise mais elle est de plus en plus compacte au fur et à mesure qu'il progresse. Après cinq semaines d'efforts pour ouvrir la route à coups de pioche, de barre à mine ou au moyen de scies à glace, Shackleton doit se rendre à l'évidence : impossible de passer. Ils sont bien trop loin de la côte pour tenter d'atteindre le continent en tirant le matériel sur la banquise. Prisonniers des glaces, ils sont contraints à l'immobilité. La dérive devrait entraîner l'*Endurance* à travers la mer de Weddell et le ramener jusqu'à la mer libre. Mais la progression est très lente et la perspective d'être libéré à la fin de l'été s'éloigne, d'autant plus que l'hiver austral arrive vite sous ces hautes latitudes. La pression du pack sur la coque de l'*Endurance* se fait de jour en jour plus menaçante. Le 25 octobre 1915, Shackleton écrit : « L'assaut de la glace est épouvantable. Le bateau se tord, par endroits le bois de la coque éclate et on commence à prendre l'eau... Le premier mât s'effondre... c'est une terrible agonie à laquelle nous assistons, impuissants. » L'ancien phoquier norvégien ne résistera pas. « Je ne peux décrire les sentiments que j'éprouve devant l'inexorable destruction à laquelle nous assistons. »

Après 280 jours de dérive, la progression est trop lente et Shackleton décide d'abandonner le navire broyé. Il n'y a pas d'autre salut que de rejoindre à pied la mer libre de glace. Le cœur serré, les 28 hommes abandonnent l'épave de l'*Endurance* et s'organisent pour tirer deux chaloupes jusqu'à l'eau libre. Worsley insiste : il faut prendre la troisième chaloupe, sinon, impossible d'embarquer tous les hommes. Commence alors une marche harassante sur la banquise. La glace est si chaotique qu'ils s'épuisent pour gagner très peu de terrain ; ils décident de s'en remettre à la banquise qui devrait les pousser vers le nord jusqu'à l'eau libre. Sur un bloc de glace solide, ils installent ce qu'ils nomment le « patience camp ». Les jours passent, les rations s'amenuisent, l'hiver arrive et tous savent, épuisés comme ils sont, qu'ils ne survivront pas à une nouvelle attaque de la faim et du froid. Le 7 avril, après cinq mois de voyage immobile sur la glace, une montagne apparaît à l'horizon. Redoublant de courage, ils abandonnent le camp et avec ce qu'il leur reste de force halent leurs canots jusqu'à l'eau libre et ils embarquent. Les Shetland sont en vue ; l'idéal serait d'atteindre l'île de la Déception où se trouve une station baleinière, mais le vent d'ouest et le courant contraire les en éloignent. Le 16 avril 1916, ils accostent enfin sur l'île de l'Éléphant[24]. C'est la première terre ferme qu'ils foulent depuis plus de seize mois. Ils chassent phoques et manchots et peuvent enfin se nourrir, mais la situation est précaire.

L'attente risque d'être interminable car personne ne viendra les récupérer dans un tel endroit et avec l'arrivée de l'hiver, la probabilité d'un sauvetage fortuit est négligeable. Il n'y a pas d'alternative : ils doivent tenter d'atteindre la Géorgie du Sud où sont établies des stations baleinières. Le vent d'ouest et le courant sont portants, mais l'île est à 1 300 kilomètres et la mer de Scotia est connue pour être particulièrement agitée. Shackleton décide de tenter cette dernière chance. Avec les moyens du bord, le charpentier prépare le *James Caird,* une des trois embarcations d'à peine sept mètres de long : un pont en toile étanchéifiée avec de la graisse de phoque, deux mâts et un lest d'une tonne pour limiter les risques de chavirage. Le 24 avril, Shackleton, Worsley et quatre autres marins se lancent dans une navigation à l'issue incertaine. Avant d'embarquer, Shackleton confie à Frank Wild, le fidèle compagnon de toutes ses expéditions, la charge de prendre soin des 21 gaillards qu'il faudra accompagner dans cette épreuve de survie. Réunis sur la berge, ils regardent, émus, s'éloigner la chaloupe qui paraît si petite. Tout repose sur les épaules du pilote, Frank Worsley, qui ne doit pas dévier de plus de trois degrés de la route sous peine de manquer l'île. Les reverront-ils un jour ? Comment s'organiser maintenant pour tenir jusqu'à une date inconnue ? L'île est sombre et inhospitalière, sans aucune végétation, mais il y a de l'eau fraîche, des phoques et

24. L'île de Éléphant était un haut lieu de la chasse à l'éléphant de mer.

des manchots pour la survie, le chauffage et l'éclairage avec la graisse animale. La rigueur de l'hiver antarctique approche, le camp est continuellement balayé par le blizzard, une pression incessante sur des hommes affaiblis par les épreuves qu'ils ont déjà traversées.

Au large, le *James Caird* affronte des conditions de mer démentielles pour sa petite taille. Les hommes se partagent la tâche, deux quarts de trois qui se relaient toutes les deux heures : un à la barre, l'autre aux voiles et le troisième à l'écope, car le bateau embarque des paquets de mer. Ceux de repos se nourrissent puis se réfugient dans leur sac de couchage humide, se tenant chaud serrés les uns contre les autres. Le temps est couvert, ce qui laisse peu d'occasions à Worsley de faire le point au sextant. Il navigue à l'estime. Au bout d'une semaine, la température chute fortement et les embruns givrent sur le pont et les voiles. Il faut évacuer ces accumulations de glace qui menacent de faire chavirer le bateau. Au seizième jour d'une traversée périlleuse apparaissent des algues et des oiseaux de mer, signe que la terre n'est plus très loin. Le 8 mai, ils aperçoivent enfin une côte, des roches noires surplombées par des sommets enneigés. C'est la Géorgie du Sud ! Tous félicitent Worsley pour la précision de sa navigation. S'ils avaient loupé l'île, Shackleton et ses hommes auraient été emportés par le Courant Circumpolaire sans aucune chance de survie. Mais où débarquer ? La côte ouest est impraticable, submergée par les flots, inhabitée, les stations baleinières sont de l'autre côté des montagnes. Ils risquent à plusieurs reprises d'être engloutis par les vagues déferlantes, et après deux jours à attendre de meilleures conditions, Worsley envoie le *James*

Caird à la côte sur une plage à l'abri. Ils sont épuisés, mais vivants. Tous se précipitent sur un filet d'eau, ils commençaient à mourir de soif. Le *James Caird* est trop abîmé pour envisager de reprendre la mer. Pour rejoindre les stations baleinières, ils n'ont d'autre choix que de traverser cette imposante chaîne de montagnes. Après neuf jours de repos, le 19 mai 1916, Worsley, Shackleton et Crean, piètrement équipés de vêtements usés et de chaussures misérables, munis seulement d'une corde et de trois jours de vivres, s'engagent dans un secteur que personne n'a jamais exploré. Ils laissent derrière eux trois hommes également épuisés. Sur ce terrain de pentes enneigées où ils enfoncent jusqu'aux genoux, remontant des glaciers aux crevasses menaçantes, ouvrant des passages entre des parois abruptes, ils finissent par trouver le chemin du salut. Après 36 heures d'ascension éreintante se profile au loin le trait de l'océan et tout en bas ce qu'ils identifient comme la station Stromness. « Sans mot dire nous nous serrâmes la main. »

Les trois hommes vêtus de haillons qu'ils n'ont pas quittés depuis plus d'un an, les cheveux gras ébouriffés, les visages crasseux lézardés de fatigue, sont accueillis en héros. Il faut sans tarder aller chercher les trois gars qui agonisent de l'autre côté de la montagne ; Worsley s'en charge et les ramène à bon port. Qu'advient-il des vingt et un hommes abandonnés sur la péninsule Antarctique ? Shackleton met toute son énergie pour organiser le sauvetage mais il rencontre d'inquiétantes difficultés. En plein hiver, l'île de l'Éléphant est emmurée par une épaisse banquise. Aucun bateau n'est assez puissant pour passer. Ce n'est finalement qu'à la troisième tentative, le 30 août 1916, à la faveur d'une tempête qui fit sauter la forteresse de glace, que le *Yelcho,* un navire prêté par le gouvernement chilien, réussit à s'approcher de l'île.

À la vue de ce bateau qu'ils ne connaissent pas, les survivants font de grands signes et poussent des cris, certainement trop faibles pour porter si loin. Anxieux, ils s'interrogent : nous ont-ils vus ? L'un d'eux verse le dernier bidon de pétrole sur quelques guenilles et y met le feu, la fumée noire s'élève dans le ciel. Le bateau s'arrête et met un canot à l'eau. Un homme descend de l'échelle. À sa silhouette tous le reconnaissent et poussent des « Hourrah ! » libérateurs. C'est le patron ! Arrivant assez près de la côte, il leur crie :

– Vous allez tous bien ?

Et tous de répondre en chœur :

– Tous bien, tous vivants !

Brisé par l'émotion, Shackleton retrouve enfin, après quatre mois, ses vingt et un compagnons réfugiés dans deux masures construites avec les deux embarcations retournées. Ils ont tenu dans ces conditions extrêmes par la seule confiance qu'ils accordaient à leur chef d'expédition. *What a story* titreront les journaux britanniques, faisant d'Ernest Shackleton une des plus inspirantes figures de l'âge héroïque de l'exploration de l'Antarctique.

Quand, en 1991, *Antarctica* jeta l'ancre à un demi-mille de Point Wild sur la côte nord-est de l'île de l'Éléphant, ce haut lieu de l'histoire polaire, le zodiac me déposa à proximité de la côte. J'avançai maladroitement sur des rochers glissants, le regard attiré vers une grotte obscure au pied d'une paroi de roche noire volcanique, cernée par des glaciers géants qui descendent jusqu'à la mer. C'est ici, dans la froide obscurité de cette poche volcanique, que les équipiers de Shackleton s'étaient réfugiés. J'avais lu et relu la fantastique épopée de l'*Endurance*, passé du temps à regarder les photographies de Franck Hurley. Je revoyais les images de ces hommes misérables, attendant ici même les secours d'un vaisseau providentiel. Si la mer et le vent avaient emporté tous les vestiges[25], le décor de cette caverne rocailleuse n'avait pas changé depuis le 30 août 1916, ce jour magique où le navire qui venait les sauver apparut sur le champ de glaces flottantes. Je me trouvais seul dans l'intensité du souvenir d'une des plus remarquables expéditions polaires. C'était poignant. Un instant, j'imaginai Shackleton accourant jusqu'ici, étreignant un à un ses valeureux équipiers, exaltant le courage de ces hommes qui avaient survécu à l'improbable. Saisi par un mélange d'émotion et d'excitation, je ne voulais plus qu'être là, équipier clandestin de ce héros magnifique.

25. Sur place, pas une plaque pour rappeler l'histoire des rescapés de l'*Endurance*, seulement un énorme buste en bronze, juché sur un énorme piédestal représentant le Chilien Piloto Pardo, le capitaine du *Yelcho*. Quand la géopolitique prend le pas sur l'Histoire !

XVII

Le cri du krill

Orcades du Sud, novembre 1991

En route vers la péninsule Antarctique, nous avions opté pour une escale aux Orcades du Sud, un groupe d'îles sauvages, isolées, rarement visitées. Les images que nous recevions de l'US National Ice Center laissaient peu d'espoir d'atteindre l'archipel tant elles semblaient encore prises par la banquise, mais nous aviserions sur place, la coque d'*Antarctica* ne craignant pas de se frayer un chemin dans un pack de glace serré. Vers minuit, un écho sur l'écran du radar nous intrigua. Un bateau ? Que faisait-il en mer de Scotia, aussi loin des lignes commerciales habituelles ? Il n'était qu'à une quinzaine de milles et nous décidâmes d'aller voir.

C'était un gros navire tous projecteurs allumés, diffusant un puissant halo de lumière dans le brouillard. En réalité, ils étaient deux en plein transbordement : un cargo réfrigérateur collectant les prises du chalutier. Certainement du krill. On observa la scène à un demi-mille pour ne pas attirer l'attention. Aux jumelles, nous déchiffrions Vladivostok en lettres délabrées sur le tableau arrière. On continua la route en direction des Orcades. Le lendemain, vers 10 heures, un autre écho apparut sur l'écran radar, proche de notre route.

Dès que le chalutier émergea sur la ligne d'horizon, on tenta d'établir un contact radio, mais il resta muet. Nous avancions lentement au moteur. On devinait la faucille et le marteau soudés sur la cheminée d'un ancien bateau soviétique en très mauvais état. Ils étaient en train de remonter un chalut qui regorgeait de krills. Des nuées d'oiseaux criards virevoltaient à la surface de l'eau, happant des goulées de ces minuscules proies passées au travers des mailles du filet. Le commandant, qui ne répondait toujours pas à la radio, apparut à la passerelle et d'un geste ample du bras nous fit signe d'approcher.

– Jean-Louis, on ne peut pas mieux rêver comme décor pour un sujet sur le krill. Il faut tout tenter pour monter à bord, s'enthousiasma Ramon, notre réalisateur.

Arrivé à proximité, j'interrogeai le commandant qui ne répondit toujours pas à mon appel. Il apparut à nouveau à la passerelle et désigna d'un grand geste du bras son équipage en train de dérouler une échelle de corde le long de la coque dégoulinante de rouille.

– Ramon, tu vas les avoir tes images.

On mit l'annexe à l'eau. Au pied de l'échelle de corde, la houle ne facilitait pas l'embarquement. Le zodiac montait de deux mètres et redescendait d'autant à chaque vague et il ne fallait pas louper les marches qui oscillaient sous nos yeux. Nous étions cinq à embarquer. Jean-Claude Hureau m'accompagnait comme référent scientifique, il était professeur au Muséum national d'histoire naturelle et connaissait bien cet océan pour y avoir réalisé de nombreuses campagnes d'étude.

Lorsque l'équipe cinéma fut prête pour le tournage, je pris une poignée de krills dans la main et Ramon me positionna sur le pont, dans le décor qui lui convenait.

– Quand tu veux, Jean-Louis.

Je me raclai la gorge et entamai ma présentation :

– Le krill est une petite crevette…

– Euh, excuse-moi, Jean-Louis, mais *Euphausia superba* n'est pas une crevette, c'est un petit crustacé.

– D'accord pour petit crustacé, Jean-Claude, mais si tu veux que je cite *Euphausia superba*, je crains que ça ne complique inutilement le propos.

– Non, Jean-Louis, ce n'est pas inutile, c'est nécessaire.

– Bon… Je recommence.

« Le krill est un petit crustacé, semblable à une crevette, mesurant environ quatre à sept centimètres de long, qui vit dans les eaux froides et voyage en essaims géants de milliards d'individus. Cette concentration et cette prolifération font de ce petit animal le maillon principal de la chaîne alimentaire de l'océan Austral. »

Ouf !

– Jean-Louis, désolé d'intervenir à nouveau ; je dirais plutôt que le krill est « la clé de voûte du réseau trophique ».

Ça se compliquait… J'étais d'accord sur le terme « clé de voûte » qui est la pièce maîtresse d'un édifice, mais réseau trophique, c'était bien trop aride, personne n'allait comprendre. Je fis une pause, on discuta. Jean-Claude m'expliqua que la chaîne alimentaire telle que nous la concevons, de manière linéaire, ne reflète pas exactement ce qui se passe dans la nature. La prédation ne se fait pas systématiquement en chaîne, du plus petit au plus gros, mais en réseau. Lorsqu'en Arctique un ours tue un phoque, les oiseaux, les renards et les loups en profitent… Les fientes des baleines, qui se nourrissent essentiellement de krills, constituent un engrais pour le phytoplancton avec lequel s'alimentent à leur tour les krills, les copépodes et d'autres poissons. Il avait raison, ce n'est pas une chaîne, mais un réseau. On trouva un compromis :

– Le krill est un petit crustacé qui est la clé de voûte du « réseau alimentaire ».

Bien que Jean-Claude m'ait un peu agacé en m'interrompant lors de ces tournages qui me demandaient un effort de concentration, je lui étais reconnaissant de son exigence. Dans cet exercice pédagogique à destination du public de *Thalassa* et des scolaires, je me devais d'être irréprochable, d'employer des mots simples, de décrire des phénomènes complexes dans un langage accessible. Ce travail de vulgarisation demandait d'approfondir sans cesse mes connaissances, d'analyser les contenus et d'en faire une synthèse recevable tant des savants que des néophytes.

Certes, j'ai une culture scientifique, mais je ne suis pas un océanographe de terrain ; je revendique plutôt le rôle d'informateur, de passeur. Je veux sensibiliser, ouvrir à un questionnement. C'est ainsi que j'apprends les sciences de l'océan, en mer, au cœur des éléments et au contact des chercheurs. J'aime donner à réfléchir, susciter la curiosité, ouvrir des perspectives. Être pédagogue, c'est s'imposer le devoir d'attiser la curiosité, de susciter l'envie d'apprendre.

À bord d'*Antarctica*, la discussion reprit durant le déjeuner. Jean-Claude apporta quelques informations sur *Euphausia superba*.

– Ce n'est pas pour faire le savant que j'en ai parlé, c'est le nom scientifique de ce krill, des centaines de milliards d'individus qui vivent ici autour de l'Antarctique, et c'est un mot que j'emploie depuis toujours, qui m'est familier.

Jean-Claude Hureau a mené sa vie de chercheur puis de professeur au Muséum national d'histoire naturelle. Il a indéniablement une passion pour l'Antarctique où il a fait partie des premiers hivernants, et pour l'océan Austral sur lequel il s'est engagé au cours de nombreuses campagnes de recherche. Sa spécialité est le poisson des glaces et la légine antarctique, des poissons d'eaux froides dont la particularité est de posséder une molécule antigel dans leurs vaisseaux. Il a d'ailleurs découvert deux espèces au nom imprononçable : *Chionodraco rastrospinosus* et *Pleuragrammatinae*. On comprend mieux que pour Jean-Claude *Euphausia superba* puisse être le petit nom intime de ce krill qu'il côtoie depuis des décennies.

La présence de ces trois navires pêcheurs de krills croisés le même jour dans un espace limité était inquiétante. Le cargo russe, certainement un ancien pétrolier transformé en congélateur flottant, était de taille à emporter 50 000 tonnes de krills. Combien de pêcheurs étaient-ils au même moment autour de l'Antarctique ? Qu'est-ce qui pouvait bien pousser l'Union soviétique à envoyer ces navires pêcher le krill aussi loin de leurs côtes ? Le commandant nous avait expliqué en quelques mots qu'une partie était broyée et transformée en farine animale, utilisée notamment pour la pisciculture, tandis que le reste était destiné à l'alimentation humaine. Afin d'éviter que la chair ne se dégrade et de conserver ses qualités nutritionnelles, le krill doit être congelé dès sa sortie de l'eau. D'autre part, pour qu'il soit comestible, il est nécessaire d'ôter sa carapace en chitine qui est riche en fluorures toxiques pour l'homme. Cette opération industrielle, réalisée à terre, est particulièrement délicate en raison de la fragilité et de la petite taille de l'animal, si bien que cette pêche pour l'alimentation humaine s'est avérée ne plus être rentable.

– Vous savez, l'Union soviétique a été la première nation à venir pêcher le krill ici, nous a rappelé le commandant. Vers 1960, mais surtout à partir des années 1980, on en pêchait plus de 500 000 tonnes par an.

C'est justement à cette époque, en 1982 précisément, que s'est constituée la Commission pour la conservation de la faune et la flore marines de l'Antarctique (CCAMLR). Alertée par l'exploitation commerciale intensive, la commission a imposé une gestion raisonnée du krill, qui définit chaque année des quotas de pêche durable, le *green weight*, dans l'Atlantique Sud et l'océan Indien, zones où il est le plus pêché.

Depuis les années 1990, après l'effondrement du bloc soviétique, les Russes et les Ukrainiens ont progressivement délaissé la pêche dans ce secteur. Mais depuis le nouveau millénaire, ils sont relayés par les Japonais, les Coréens, les Chinois et surtout par les Norvégiens, les plus gros pêcheurs de krills antarctiques. Une part de la ressource est utilisée en santé humaine, car l'huile de krill est très riche en acides gras polyinsaturés[26]. Mais le krill est surtout transformé en huile et en

26. Les oméga-3 DHA et EPA, et les phospholipides, sont des acides gras insaturés dits « essentiels », car l'organisme humain en a besoin et ne sait pas en faire la synthèse. On les trouve dans l'alimentation, notamment dans les poissons gras tels que le saumon, le hareng, le flétan. Les études épidémiologiques réalisées auprès des esquimaux, gros consommateurs de poissons gras et de phoques, montrent une diminution significative des affections cardiovasculaires. Les phospholipides sont des composants essentiels des membranes des cellules cérébrales, nerveuses et intestinales.

farine de poisson dont la Norvège est le plus gros importateur. C'est un aliment de choix, très recherché par la pisciculture des poissons haut de gamme comme le saumon, le bar, la daurade ; mais la nature a ses limites à nourrir tous ces poissons d'élevage. Pour assurer la durabilité des fermes de poissons carnivores, face aux quotas imposés et à l'épuisement des ressources, les recherches visent à remplacer partiellement les huiles et farines de krill et celles d'autres poissons par des matières végétales. À l'origine, il fallait 10 kg de « poissons-fourrages » pour produire 1 kg de poisson carnivore, on est passé à 2,5 kg en 15 ans et on n'est pas loin de produire 1 kg de poisson d'élevage avec 1 kg de produits de la pêche, tout en maintenant ses qualités nutritionnelles et organoleptiques.

Le krill fait partie de ces « poissons-fourrages » dont la CCAMLR doit réguler la pêche afin d'assurer la pérennité de l'écosystème marin de l'océan Austral. En effet, autour de l'Antarctique, le krill est l'aliment essentiel pour toutes les espèces : phoques, manchots, oiseaux de mer et toutes les baleines à fanon, baleines à bosse, rorqual commun. C'est la baleine bleue qui en consomme le plus. Pour capter ces petits crustacés, elle traverse des bancs géants et très denses, engloutissant dans sa gueule ouverte de grandes quantités d'eau chargée de krills qu'elle évacue par la poussée de la langue et la contraction de sa poche ventrale. Le krill, piégé à la sortie dans les fanons, avec quelques petits poissons et calmars, constitue sa principale nourriture dont elle se régale sans modération. Comme le rendement nutritionnel de ces petits crustacés est très faible, elle ne peut cesser de s'alimenter. Elle en absorbe jusqu'à 3 à 4 tonnes par jour ! Car pour gagner 1 kg, la baleine bleue, qui pèse près de 100 tonnes en moyenne, doit avaler 100 kg de krills. Comme si la nature s'était mise au service de sa masse corpulente, les essaims de krills concentrent jusqu'à deux millions de tonnes d'individus qui s'étendent sur plus de 400 km². C'est dans ces bancs géants que les navires tirent le chalut, avec peine, car la maille doit être étroite pour attraper le petit crustacé. Tassées au fond de la nasse, écrasées sous le poids de leurs congénères, ces fragiles créatures perdent une part de leur précieuse huile à la remontée du filet. Les navires modernes, norvégiens et chinois, sont maintenant équipés de puissantes turbines pour aspirer le krill transformé sur place dans leurs usines embarquées.

Face à une demande croissante, la plus grande vigilance s'impose dans la gestion de cette population de crustacés, sous peine d'anéantir toute la faune marine autour de l'Antarctique. Il est difficile d'estimer la population d'une espèce qui se déplace en essaims gigantesques de centaines de milliards d'individus, des bancs de plusieurs kilomètres carrés qui peuvent rester compacts plusieurs jours avant de se dissoudre. Pour compliquer les choses, le krill ne cesse de faire le yoyo entre la surface et le fond, et ce dès sa naissance. Au début de l'été, à la première « floraison » du phytoplancton, le mâle dépose sa semence à proximité de l'orifice génital de la femelle qui pond jusqu'à 10 000 œufs à la fois, à plusieurs reprises dans la saison. Les œufs ainsi fécondés coulent au fond de l'océan, jusqu'à parfois 2 000 mètres où ils vont éclore. Puis les larves migrent doucement vers la surface. Lors de cette ascension, qui dure trois semaines, le corps se développe en puisant dans ses réserves jusqu'à atteindre la surface où la larve pourra se nourrir de phytoplancton. Au fil de sa croissance, le krill mue, change de carapace de chitine toutes les deux ou trois semaines, et atteint sa taille adulte et la maturité sexuelle vers 2 ou 3 ans. Toute sa vie, le krill effectue ces migrations verticales quotidiennes, restant en profondeur pendant la journée, une manière d'éviter les prédateurs, et remonte à la surface pour se nourrir. C'est peut-être aussi une façon de se reposer, d'économiser ses forces, car le krill immobile coule. Pour se maintenir à la surface, il doit sans cesse agiter ses pattes. Il dépenserait ainsi 40 % de son énergie à ne pas couler ; on comprend alors qu'il s'octroie une pause en se laissant glisser dans les profondeurs après le repas. Mais que se passe-t-il en hiver quand la nourriture se fait rare en surface et que l'océan est couvert en grande partie par la banquise ? Personne ne sait comment le krill résiste à l'hiver antarctique ; l'espèce ne semble pas accumuler de réserves de graisse. Des expériences en laboratoire ont montré qu'*Euphausia superba* pouvait survivre à une période de jeûne de 200 jours. On a découvert des rassemblements de krills par des fonds de 3 000 mètres. Mais ce dont on est sûr, les images nous le montrent, c'est que le krill se nourrit des algues qui poussent sous la banquise, ce qui fait craindre pour sa survie, le réchauffement climatique réduisant progressivement la surface de ce broutage saisonnier.

Déjouant les variabilités biologiques et comportementales, la CCAMLR doit estimer la quantité de krills antarctiques pour attribuer les quotas de pêche. Elle varie d'une année sur l'autre suivant le taux de reproduction et de la population de jeunes intégrant la cohorte. Si la masse de ces petits crustacés de 2 grammes avoisine 380 millions de tonnes[27], le festin polaire annuel de toutes les espèces, lui, est évalué entre 200 et 240 millions de tonnes. Quelle quantité accorder à la pêche sans risquer de porter préjudice aux populations autochtones ? Les estimations de la CCAMLR sont établies à partir des informations sur les captures de krills fournies par les compagnies maritimes, les rapports des observateurs embarqués sur les navires de pêche et les études scientifiques, notamment l'acoustique qui permet d'évaluer l'étendue et la densité des essaims. Les « approvisionnements » sont en principe renouvelés grâce au taux de reproduction et à la croissance rapide de la population de krills. Mais la marge est incertaine, ce qui impose des mesures drastiques pour la pêche.

Le krill, et par voie de conséquence l'écosystème antarctique, est menacé à la fois par la pêche, le réchauffement climatique, la pollution et l'acidification des océans. Il pourrait cependant échapper au fléau mondial de la surpêche grâce à une initiative prise par les principales compagnies de pêche au krill de Norvège, du Chili, de la Corée du Sud et de la Chine, qui représentent 85 % des prises actuelles. Conscientes des dangers qu'elles font courir au krill et à elles-mêmes, elles se sont rassemblées au sein de l'Association des pêcheurs de krill responsables (ARK[28]) et se sont engagées à aligner leurs pratiques sur les objectifs de pêche durable définis tous les ans par la CCAMLR. Elles participent aux efforts de recherche

27. Ce serait la plus grande biomasse vivante. À titre de comparaison, c'est bien plus que le poids de l'ensemble des adultes humains de la planète qui se situe autour de 287 millions de tonnes, dont 18 % sont des obèses.

28. Association of Responsible Krill harvesting companies.

du Comité scientifique en embarquant un observateur indépendant et, depuis 2020, elles s'interdisent de pêcher durant l'été austral, d'octobre à mars, à moins de 40 kilomètres des côtes où résident des colonies de manchots alors en période de reproduction. C'est une initiative unique, indispensable, et très encourageante de la part des armateurs de pêche pour la préservation de cet océan polaire.

Mais cela ne suffit pas. La CCAMLR doit parvenir à créer un consensus pour atteindre, d'ici à 2030, l'objectif ambitieux qu'elle s'est fixé de doter l'Antarctique d'une ceinture de sanctuaires marins au sud du 60e parallèle d'une superficie de 7 millions de km^2. Durant chaque réunion annuelle, le combat est ardu entre les représentants des 24 pays dont la France plus l'Union européenne. En 2016, après dix années de négociations et un fort soutien du président Barack Obama et de son secrétaire d'État John Kerry, la CCAMLR a créé en mer de Ross le plus grand sanctuaire marin au monde de 1,5 million de km^2, soit l'équivalant de la France, l'Italie, le Benelux, l'Allemagne, la Suisse et l'Autriche réunis. Mais depuis 2016, plus rien. Chaque année revient sur la table des négociations la création de nouveaux sanctuaires marins dont un est porté par la France, l'Australie et l'UE sur les côtes de l'Antarctique Est, qui inclue la côte de la Terre Adélie, et l'autre par l'Allemagne en mer de Weddell. Les dernières réunions se sont soldées par des échecs, à cause des seules oppositions de la Russie et de la Chine. Ces deux États s'opposent à une décision sage, d'intérêt planétaire, partagée par tous les pays du monde. Ils invoquent un manque de connaissances scientifiques pour imposer cette restriction. Faut-il attendre que l'effort de pêche ne soit plus rentable, autrement dit qu'il soit trop tard ? C'est déjà arrivé dans le passé pour les baleines, chassées jusqu'aux limites de l'extinction, les morues surpêchées sur les bancs de Terre-Neuve et d'Islande, où elles ne sont jamais revenues. Avec le krill, on ne parle pas seulement du danger de disparition d'une espèce, mais de la mise en péril de tout un écosystème, les baleines, phoques, manchots, oiseaux de mer, calmars, condamnés à la famine. Le krill antarctique est le pilier de cette mutuelle polaire où toutes les espèces ont la vie en commun. On entend dire sur les strapontins de la diplomatie que cette résistance est politique, un élément d'échange pour d'autres négociations. Mais la politique n'est-elle pas l'art de rendre possible ce qui est nécessaire ?[29]

29. « La politique est l'art de rendre possible le nécessaire », citation du cardinal de Richelieu.

XVIII

Iceberg géant à la dérive

Mer de Scotia, novembre 1991

La route était barrée par une muraille de glace géante dont on ne voyait pas la fin. Christian mesura sa hauteur à l'aide du sextant, 47 mètres, un immeuble de quinze étages au-dessus du niveau de la mer, mais combien en dessous ? Certainement plusieurs centaines de mètres. Les informations de l'US National Ice Center lui donnent une superficie de 3 850 km^2, pratiquement la Corse du Sud. Son nom de code est 1986 A24. D'où vient ce géant de glace ?

En 1986, il s'est passé un événement exceptionnel non inscrit dans les livres d'Histoire, et qui a pourtant marqué celle de l'océan Austral. Trois icebergs se sont détachés du Filchner Ice Shelf[30], la plateforme de glace qui descend de l'Antarctique et flotte sur la mer de Weddell. Ils ont été baptisés : A22, A23 et A24. Avec une superficie totale de 10 700 km^2, ces trois géants atteignaient le volume de 4 300 km^3, à peu près le double de l'accumulation annuelle de glace sur l'ensemble

30. *Ice Shelf* est le terme anglais pour désigner une plateforme de glace flottante sur la mer.

de l'Antarctique. Ramené à l'échelle de la France, le seul A24 avait la taille d'un glaçon de 400 mètres d'épaisseur moyenne qui couvrirait le département de la Gironde. Entraîné par le courant circumpolaire antarctique, il finirait par s'échouer, se fracturer, se disloquer en petits icebergs puis en *growlers* et fondre lentement sur plusieurs années. Le vêlage d'iceberg est un phénomène naturel, mais à cause du réchauffement climatique ces détachements se multiplient à un rythme très préoccupant.

« Vous qui côtoyez depuis longtemps les régions polaires, avez-vous vu des changements dus à l'évolution du climat ? » On me pose souvent cette question. Je fréquente les régions polaires depuis 40 ans, ce n'est rien à l'échelle de la vie de l'Antarctique. Et pourtant, je peux malheureusement, en quelques décennies, témoigner de changements profonds.

En août 1989, au départ de la traversée de l'Antarctique, nous avions emprunté la plateforme de glace flottante qui longe la chaîne des montagnes qui s'étire le long de la péninsule Antarctique, appelée le Larsen Ice Shelf. La neige était dure, lisse, sans obstacle, facile pour les chiens qui tiraient vaillamment des traîneaux lourdement chargés au début de l'expédition. Et là aussi, depuis quelques décennies, les vêlages se sont multipliés. En 1995, un premier iceberg géant – de la taille du Val-d'Oise et d'une épaisseur de 350 mètres – s'est détaché du Larsen Ice Shelf, appelé le Larsen A. En 2002, ce fut le tour du Larsen B, de la même épaisseur et de la taille du département du Rhône. Ainsi, les 600 premiers kilomètres du Larsen Ice Shelf que nous avons parcouru avec mes compagnons ont totalement disparu, partis à la dérive dans la mer de Weddell et au-delà. Et ce délitement le long de la péninsule se poursuit plus au sud, le Larsen C, la plus grande des trois plateformes se désintègre à son tour. Le volume de ces glaces perdues est tel qu'il est difficilement concevable : ce sont 4 milliards de mètres cubes par an de 1996 à 2000, et entre 20 et 40 milliards de mètres cubes par an depuis 2006. De l'autre côté, sur le versant ouest de la péninsule Antarctique, le Wilkins Ice Shelf succombe à son tour et part se désintégrer en mer de Bellingshausen.

Comment en est-on arrivé là ? Selon le National Snow and Ice Data Center, la péninsule Antarctique est l'endroit du monde où le réchauffement est le plus rapide. La température moyenne s'est élevée de 0,5 °C par décennie depuis 1950, soit 3,5 °C en 70 ans. C'est énorme. Ce réchauffement brutal fragilise l'ancrage des plateformes de glace à la côte. En effet, la montée conjuguée de la température de l'eau et du niveau de l'océan accélère le travail d'érosion sous-glaciaire qui précipite ces vêlages d'iceberg. Le détachement d'une plateforme de glace n'élève pas le niveau de la mer, car elle flottait déjà à la surface de l'océan. Cependant, cela « relâche le frein » de la descente des glaciers de l'inlandsis[31] jusqu'à l'océan, accélérant ainsi les vêlages qui vont apporter de l'eau à la mer et élever son niveau.

Partout sur la planète, le trait de côte est mesuré par les géographes depuis la fin du XIXe siècle, à l'aide de marégraphes

31. L'inlandsis est un immense glacier continental, synonyme de calotte polaire, qui recouvre l'Antarctique et le Groenland.

installés dans les ports. En France, le premier marégraphe a été construit à Marseille, sur la Corniche. L'objectif était de déterminer le « zéro altitude étalon » de la France, autrement dit le niveau de référence de la mer pour déterminer l'altitude de tous les points géographiques du pays. Depuis sa création, le niveau de la mer s'est élevé de 16 centimètres à Marseille, avec une hausse significative au XXe siècle, simultanément au développement de l'industrie, soutenue par la consommation massive de charbon, le plus gros émetteur de gaz à effet de serre. Depuis 1992, le niveau de la mer est mesuré avec précision par des altimètres placés sur des satellites en orbite autour de la Terre. À ce jour, le niveau moyen de l'océan s'élève inexorablement de 3,3 millimètres par an. Selon Anny Cazenave[32], ce phénomène est imputable à la fonte des glaces continentales (45 %) – Antarctique, Groenland et tous les glaciers du monde –, à la dilatation thermique de l'océan qui se réchauffe (35 %)[33], et au pompage de l'eau dans les nappes phréatiques (10 %). Les 10 % restants sont encore inexpliqués, certainement liés aux incertitudes sur les mesures. J'étais loin d'imaginer que la quantité d'eau puisée par l'humanité dans les nappes phréatiques et rejetée une fois usée à la mer pouvait accroître dans une telle proportion le niveau de l'océan.

---

32. Anny Cazenave, scientifique française, spécialisée en géodésie et océanographie spatiale. Elle a été l'un des auteurs principaux du chapitre « Élévation du niveau de la mer » du 5e rapport du Groupe intergouvernemental d'experts sur l'évolution du climat (GIEC).

33. 93 % de l'excès de chaleur dû au réchauffement climatique est absorbé par l'océan, ce qui entraîne une dilatation de l'eau.

Aujourd'hui, en me penchant sur ce chantier colossal de « démolition » en parts géantes du continent antarctique, je revois l'iceberg A24 à l'approche en mer de Scotia. Nous étions des Lilliputiens face à cette gigantesque forteresse flottante arrachée au pôle Sud. Certes, les calottes polaires ont toujours libéré des icebergs qui partent à la dérive, mais l'ampleur actuelle du phénomène et son accélération, parallèlement au réchauffement climatique, signent la responsabilité humaine de cette débâcle[34].

À l'échelle planétaire, la température moyenne à la surface de la Terre s'est élevée de 1 °C en un siècle, générant en Antarctique des bouleversements qui dépassent l'entendement. Cela semble impensable, mais les faits le confirment : la carapace de ce monument de glace, où règnent les températures les plus froides du monde, commence à se fissurer. 1 °C cela paraît peu de chose, et pourtant, c'est comme si la Terre avait 38 °C de température, une fébricule installée sur la durée, une fièvre chronique annonçant les prémices de graves complications à venir. La fonte des glaces du Groenland et de l'Antarctique sera déterminante sur l'augmentation du niveau des océans et la circulation océanique mondiale qui régulent le climat. D'après le GIEC, si le taux des émissions de CO_2 se maintient, l'élévation du niveau des océans pourrait atteindre

34. L'analyse des bulles d'air emprisonnées dans la glace de l'Antarctique et du Groenland par Claude Lorius et Jean Jouzel, révèle que la Terre a sa vie propre, des alternances de périodes glaciaires et interglaciaires plus chaudes. Des cycles dus à des paramètres astronomiques connus, les cycles de Milanković, qui engendrent des variations du climat terrestre. Mais l'accélération du réchauffement actuel signe l'impact des activités humaines sur le climat.

0,70 mètre à la fin du siècle, dans le pire des cas 1,10 mètre (moins de 17 % de chance que cela n'arrive). Tout dépendra des mesures de réduction des émissions de gaz à effet de serre qui seront prises.

Nous en sommes là aujourd'hui et il semble que le processus de vêlage à grande échelle soit enclenché. Plus récemment, le 26 février 2021, l'iceberg A74 de la taille de la Martinique s'est détaché à l'est de la mer de Weddell. Peu après, le 19 mai 2021, l'iceberg A76, grand comme l'île de Majorque, certainement le plus grand depuis qu'ils sont suivis par satellite, s'est détaché du Ronne Ice Shelf au fond de la mer de Weddell. Le GIEC somme l'humanité de tout mettre en œuvre pour atteindre la neutralité carbone au plus tard en 2050 afin de limiter le réchauffement à 2 °C maximum dans le siècle. Un traitement d'urgence s'impose avant que la fièvre de la Terre n'atteigne « 39 °C ».

XIX

Charcot, les forces de la passion

Île Booth, 1er janvier 1992

Arrivés à l'entrée du chenal Lemaire un 31 décembre, on relâcha sur l'île Booth[35]. L'occasion était trop belle de fêter le Nouvel An où Jean-Baptiste Charcot hiverna à bord du *Français* en 1904. Après les célébrations de « bonne année » traditionnelles, je fis un tour à terre sous un pâle soleil de minuit. Je m'assis un moment à côté du cairn de pierres de deux mètres de haut, seule trace de son passage entretenu par les rares visiteurs. *Antarctica* est là, sous mes yeux. C'était le *Français* il y a moins d'un siècle. La force de ces régions inhabitées est qu'elles gardent intacte l'empreinte de leurs découvreurs. Je suis subjugué par l'agilité et l'audace de ces marins, sillonnant entre les glaces flottantes et des hauts-fonds invisibles et inconnus avec un trois-mâts de 32 mètres équipé d'un moteur de torpilleur d'occasion peu fiable. Charcot écrira dans ses notes : « La machine était évidemment trop faible pour le bateau, mais comme nous n'avions plus assez d'argent pour nous en procurer une autre, il fallait nous en contenter. »

35. Dans les récits d'expédition de Charcot, l'île Booth est nommée île Wandel.

Le 6 mars 1904, arrivé au fond de l'anse protégée au nord de l'île Booth, Charcot décida qu'il ne fallait pas aller chercher plus loin. C'est là qu'ils allaient passer l'hiver, un hiver rigoureux, glacial et venté, isolés du monde en pleine nuit polaire dans un territoire inconnu. Charcot pouvait enfin souffler, l'expédition dont il rêvait depuis des années, pour laquelle il avait fait construire le *Français*, entrait dans sa réalité. Aucun de ces hommes ne pouvait imaginer ce qu'il allait advenir, c'est par essence le piment et le sel de l'aventure.

Sur la carte de la presqu'île dont il a dessiné les contours, Charcot a nommé la baie de la Salpêtrière, en souvenir de son père et de sa vie d'avant. Car dès son plus jeune âge, la mer et les bateaux occupent ses rêves, il veut faire l'École navale, mais son père – l'éminent professeur Jean-Martin Charcot[36], précurseur de la psychiatrie et des neurosciences –, refuse. Il s'engage contre son gré dans des études de médecine. Il est interne à la Salpêtrière quand son père meurt brutalement d'un œdème aigu du poumon. Libéré de la tutelle paternelle, il abandonne sa trajectoire hospitalière toute tracée pour donner libre cours à sa passion pour l'océan.

Je peux imaginer ce que ressentit Charcot, ce souffle créateur qui vous envahit, irrigue votre corps, votre âme, vos pensées, décuple votre énergie, quand une décision qui engage votre vie s'impose sans ambiguïté, plus forte que tout, qui ne dépend que de vous et qui va orienter votre existence sur la voie de vos rêves. Le futur explorateur polaire consacre tout son temps à réunir les moyens de sa nouvelle vie.

36. C'est Jean-Martin Charcot qui a décrit la sclérose latérale amyotrophique (SLA), aujourd'hui appelée la maladie de Charcot, qui est liée à une dégénérescence des neurones moteurs.

À la fin du XIXe siècle, les pôles Nord et Sud sont encore des territoires vierges, inconnus[37], mais Charcot n'a pas d'attirance pour ces conquêtes. C'est l'approche maritime et scientifique qui l'intéresse, découvrir et cartographier de nouvelles côtes de l'Antarctique, encore *Terra incognita*. L'hivernage du *Français* sera le premier acte de sa mission.

Ce 1er janvier 1992, après la trêve du jour de l'an, le vent de nord-est se leva, atteignant rapidement 30 nœuds, acculant le bateau au fond de cette anse étroite baptisée aujourd'hui Port Charcot. On ne craignait pas pour *Antarctica*, suffisamment robuste, mais on s'inquiétait de l'arrivée rapide de glaces poussées par le vent qui commençaient à s'accumuler vers la baie. Un iceberg pourrait s'échouer à l'entrée et nous fermer la porte au nez. Il fallait vite sortir de ce piège. Le vent bien établi compliquait la manœuvre dans ce secteur mal cartographié, mais Jean Collet aux commandes et Christian de Marliave en pilote de glace étaient parfaits. Avec calme et instinct, ils trouvèrent un chemin dans ce dédale de banquises et de rochers à fleur d'eau jusqu'à l'entrée du chenal Lemaire, encaissé entre des parois vertigineuses et des glaciers dévalant jusqu'à la côte qui donnaient l'impression d'arriver en haute montagne par la mer. Nous avons navigué sans encombre jusqu'à l'île Petermann à la sortie du Lemaire. C'est là, à Port Circoncision, que Jean-Baptiste Charcot hiverna pour la seconde fois en 1909-1910 à bord du *Pourquoi pas ?* Une plaque commémorative rappelant le nom de tous

37. Le pôle Nord a été atteint par l'américain Robert Peary le 6 avril 1909 et le pôle Sud par le norvégien Roald Amundsen le 14 décembre 1911.

les membres de l'expédition est scellée sur un rocher, seule trace de cette expédition majeure. Outre le cairn sur l'île Booth et cette plaque rongée par les intempéries, la trace des expéditions de Charcot est surtout écrite sur les cartes marines de la côte sud-ouest de la péninsule Antarctique qu'il a explorée.

À cette époque, les découvreurs avançaient en terres vierges et pouvaient satisfaire ceux qui avaient encouragé et financé leurs aventures. De nombreuses îles, baies et sommets portent ainsi des noms attribués par Charcot : en hommage aux présidents de la République[38], la côte Loubet, la côte Fallières ; l'île Lavoisier du nom du célèbre chimiste ; l'île Dion, entreprise pionnière de la construction automobile en France qui lui fournit trois traîneaux à moteur, et la magnifique baie Marguerite, baptisée en hommage à son épouse.

Son deuxième hivernage à bord du *Pourquoi pas ?* eut un très fort retentissement. À son retour en France, Charcot est attendu en héros. À l'approche du Havre, il écrit la dernière page de son journal de bord : « Maintenant le *Pourquoi pas ?* va se reposer. Sa coque est encore toute couturée des cicatrices glorieuses de la lutte qu'il a victorieusement soutenue, mais il est prêt à porter de nouveau le point d'interrogation (?) dans les régions inconnues et affronter fatigues et dangers pour l'honneur de la science française[39]. »

Dès lors, le navire mythique symbolisera l'exploration polaire dans l'opinion publique française et en Europe ; les

38. Émile Loubet fut président de la IIIe République de 1899 à 1906 ; Armand Fallières lui succéda jusqu'en 1913.

39. *Autour du Pôle Sud - Expédition du* Français *(1903-1905)* et *Autour du Pôle Sud - Expédition du* Pourquoi Pas ? *(1908-1910)*, Flammarion, 1910.

Britanniques baptiseront son commandant le *Polar Gentleman*. Infatigable, insatiable, Charcot n'aura de cesse de conduire des missions océanographiques en Arctique. En juillet 1936, à 69 ans, il quitte Saint-Malo pour Angmagssalik sur la côte sud-est du Groenland. Une fois sa mission accomplie, il fait escale en Islande pour réparer quelques avaries sur la machine avant de faire route vers la France. À l'aube du 16 septembre, quelques heures après avoir quitté Reykjavík, c'est le drame. Dans une tempête d'une rare violence que rien ne laissait prévoir, le *Pourquoi pas ?* fait naufrage. Un seul homme survivra, le maître timonier Eugène Gonidec : « On venait à peine de quitter Reykjavík qu'un vent violent s'est levé. La tempête a atteint très vite la force de l'ouragan. On n'avançait plus. Le ciel était sombre et on devinait la côte rocheuse qui se rapprochait inexorablement. Malgré tous nos efforts le bateau devenait incontrôlable. Subitement une première secousse sur des récifs à fleur d'eau ébranla le navire, nous étions impuissants face aux éléments en furie. Je me souviens que le commandant ouvrit la cage de Rita sa mouette apprivoisée, un signe qu'il était conscient de la gravité de la situation. Après une deuxième secousse, plus forte que la première, l'eau envahit le navire et la salle des machines. La tension était à son comble. Le commandant Charcot ordonna de mettre les embarcations de sauvetage à l'eau et de quitter le navire. Chaque secousse sur les rochers acérés sonnait le glas du valeureux vaisseau. Dans un dernier grand fracas, le *Pourquoi pas ?* se coucha sur le flanc. C'en était fini. Charcot eut certainement le temps de voir la mer déchaînée engloutir tout l'équipage. J'ai eu la chance de ne pas être projeté sur les récifs et d'être secouru par un fermier du coin. La mer ramena à terre le corps du commandant et celui de vingt-deux compagnons, dix-sept ont disparu. »

Cette nuit du 16 septembre 1936, Jean-Baptiste Charcot et son *Pourquoi pas ?* entamaient leur ultime voyage. Inséparables destins. La France lui rendit un hommage national au cours d'une cérémonie à Notre-Dame de Paris, où tous les cercueils furent exposés sur le parvis de la cathédrale. Charcot et son *Pourquoi pas ?* entraient de concert au Panthéon des Pôles.

Le 16 septembre 2016, à l'occasion des 80 ans du naufrage, Anne-Marie Vallin-Charcot, la petite-fille du commandant, m'invita à prendre la parole pour une conférence organisée à Reykjavík en présence de Guöni Jóhannesson, le président de la République d'Islande où Charcot est toujours un personnage connu et vénéré. L'occasion m'était donnée d'exprimer l'audace, la bravoure, la curiosité scientifique et l'humanité de cet explorateur d'exception qui a intensément consacré sa vie à ses deux passions, les bateaux et les régions polaires. C'était pour moi aussi l'opportunité de revisiter son parcours qui, en toute modestie, résonne en bien des points avec le mien. Le rugby[40], la médecine : Charcot s'est libéré de la médecine pour assouvir ses rêves d'exploration, c'est la médecine qui m'a conduit à devenir explorateur. Aujourd'hui, à l'aune de mon expérience, je lis entre les lignes ce que Charcot a traversé pour monter ses projets d'expédition : l'incrédulité des « sachants », la difficulté à réunir les fonds, redoubler de volonté dans les moments de doute. Quand il quitte le port d'Ushuaïa pour

40. Charcot a fait partie de l'équipe de rugby à XV de l'École alsacienne, j'ai été demi de mêlée au Castres Olympique.

son premier hivernage avec le *Français*, Charcot écrit : « Dans le grand calme de la nuit, dans la pénombre des falaises des Terres Magellaniques, c'est une nouvelle page de ma vie que je tourne lentement et gravement… Nous sommes partis, nous avons mis le cap au Sud, l'expédition commence enfin ! C'est un premier succès. »

Rien n'a changé depuis les pionniers de la découverte du monde. Les mêmes exigences, la nécessité impérieuse d'incarner son projet pour convaincre, la persévérance face aux doutes, la conviction et l'acharnement pour réunir les fonds… jusqu'à ce jour tant attendu du départ. Une libération certes, mais passagère, face aux réalités du rêve, aux forces de l'océan et de la glace qui défient l'ambition. Retrouver de nouvelles forces, se battre contre l'adversité du terrain et des vents contraires, tenir jusqu'au bout, jusqu'à l'ultime libération de la conquête qu'on s'est inventée.

XX

Ozone, l'équilibre rompu[41]

Station Faraday, péninsule Antarctique, janvier 1992

Dans ces années 1990, un trou dans la couche d'ozone se développait au-dessus de l'Antarctique. Même si cela se passait aux antipodes, dans une région inhabitée de la planète, ce trou que l'homme creusait dans le ciel effrayait le monde car il laisse passer les rayons ultraviolets nocifs du Soleil, coupables du développement des cancers de la peau. On craignait alors que ce trou ne s'étende à la surface de la Terre. En Australie, en Nouvelle-Zélande, au Chili, en Argentine, en Afrique du Sud, on recommandait le port de lunettes de soleil et les casquettes à double visière pour éviter les brûlures solaires sur le visage et la nuque.

Ozone ? Qui aurait parié sur la renommée mondiale de ce gaz rare, inconnu du public, qui avait fait la couverture de tous les magazines et l'ouverture des journaux télévisés de la planète. Nous avons saisi l'occasion de traiter cette menace planétaire à la source même de l'information.

---

41. *Ozone, l'équilibre rompu* est le titre du livre de Gérard Mégie paru en 1989 aux Presses du CNRS.

Le 5 janvier, nous avons quitté l'île Petermann en direction du Sud, espérant que la glace nous laisserait passer jusqu'à la station Faraday[42]. Notre objectif était d'atteindre cette base anglaise qui surveillait l'évolution de la couche d'ozone. Là-bas, les scientifiques analysaient en permanence le spectre des rayons ultraviolets qu'ils recevaient du Soleil.

Sur les graphiques qu'ils nous montrèrent, nous réalisions *in situ* ce qui était en train de se passer dans l'atmosphère.

– Regardez, les UV-A représentent 95 % du rayonnement UV qui atteint la surface de la Terre, ils sont responsables du bronzage et ils sont aussi nécessaires chez l'enfant pour la synthèse de la vitamine D. Les UV-B ne représentent qu'une minorité, mais ils sont déjà bien plus cancérigènes. L'anomalie et le danger viennent de cette part d'UV-C que nous recevons depuis le début septembre. Normalement ils n'atteignent pas la surface de la Terre, ils sont complètement filtrés par la couche d'ozone de la haute atmosphère. Les océanographes craignent à juste titre que les UV-C, très actifs, provoquent des mutations cellulaires et des destructions du phytoplancton, ce qui pourrait avoir des conséquences sur l'ensemble de la faune polaire antarctique, car, rappelons-le, ces microalgues représentent le premier maillon du réseau alimentaire de toutes les espèces marines.

Pour quelles raisons ce trou dans la couche d'ozone apparaissait-il ici ? Que se passait-il dans le ciel de l'Antarctique ? Dès 1974, deux chercheurs de l'université de Californie,

42. La station anglaise Faraday a été cédée aux scientifiques ukrainiens et s'appelle aujourd'hui Akademik Vernadsky.

Mario Molina et Franck Rowland, publiaient dans la revue *Nature* un article mettant en évidence la menace des ChloroFluoroCarbones, les fameux CFC, sur la destruction de l'ozone. Ces molécules chlorées étaient abondamment utilisées dans l'industrie des réfrigérateurs, des climatiseurs, dans les bombes aérosol, les solvants et produits de lutte contre les incendies et une multitude d'autres usages qui ne cessaient de s'étendre. Ces deux scientifiques s'attirèrent l'ire des grands industriels de la chimie et leurs avertissements ne furent finalement pris en compte qu'en 1985, lorsque le Britannique Farman fit état, dans la même revue *Nature*, d'un constat alarmant : entre 1975 et 1984, les niveaux d'ozone au-dessus de l'Antarctique avaient chuté de 40 % et cet appauvrissement n'était nullement dû à un phénomène naturel, mais à la concentration progressive de CFC dans la haute atmosphère. Par quels processus chimiques ? s'interrogeaient les chercheurs. Pour répondre à ces questions, la National Oceanic and Atmospheric Administration (NOAA) organisa en 1986 une expédition en Antarctique dirigée par Susan Solomon[43] qui allait élucider les conditions particulières contribuant à la destruction de l'ozone.

Tout se passe dans la stratosphère, entre 10 et 50 kilomètres où, à la fin de l'hiver, la température atteint moins 80 °C. Dans ce froid extrême, propre à l'Antarctique, l'humidité forme des nuages de cristaux de glace. C'est là qu'au mois de septembre, à la fin de la nuit polaire, les CFC sont décomposés par

43. Professeur de chimie de l'atmosphère au MIT, Prix Nobel de la paix pour son travail au sein du GIEC, *ex aequo* avec Al Gore.

les premiers rayons de soleil. Le chlore est alors libéré du CFC et va détruire l'ozone. Le trou ainsi formé laisse passer tous les rayons ultraviolets du soleil, notamment les UV-C, les plus dangereux. L'alarme avait sonné et les grandes entreprises de la chimie furent sommées de trouver des produits de substitution. Le 16 septembre 1987, sous l'égide du Programme des Nations Unies pour l'Environnement, 24 pays parmi les plus industrialisés signèrent le Protocole de Montréal sur l'arrêt de la production des CFC. Il fut ratifié le 16 septembre 2009 par l'ensemble des 197 membres de l'ONU, ce qui en fait le seul traité universel[44]. Pour l'ONU, le Protocole de Montréal est le « traité ayant eu le plus large succès dans l'histoire des Nations Unies ». Depuis cette date, les mesures mettent en évidence une diminution progressive du fameux trou stratosphérique au-dessus de l'Antarctique et l'océan qui l'entoure. À cette vitesse moyenne de reconstitution, la couche d'ozone devrait revenir en 2060 à sa valeur d'avant 1980. À noter cependant que si les produits de substitution sans atome de chlore ont un coefficient de destruction de l'ozone presque nul, ces gaz ont un pouvoir à effet de serre près de 15 000 fois supérieur à celui du CO_2. Ce sont de petites bombes climatiques qui exigent une maîtrise parfaite des procédés de production, d'utilisation et de recyclage.

Le trou d'ozone fut un puissant révélateur. Pour la première fois, l'homme était contraint de reconnaître que ses activités pouvaient modifier la composition de l'atmosphère.

44. L'accord de Paris sur le climat, sous l'égide des Nations Unies, a, lui, été approuvé le 12 décembre 2015 par 195 délégations.

La couche d'ozone, rapportée à la pression atmosphérique au niveau de la mer, ne fait que trois petits millimètres d'épaisseur. À elle seule, cette fine pellicule diluée dans la très haute atmosphère maintient la vie sur Terre et on avait réussi à la réduire de moitié. Fort heureusement, le diagnostic avait été réalisé à temps et on sut imposer la parade pour la protéger.

Mais l'ozone n'est pas qu'une péripétie stratosphérique révélatrice de notre capacité à perturber les équilibres du monde. C'est une molécule magique qui a permis à la vie de se déployer à la surface de la Terre. À l'origine, l'ozone n'existait pas et la planète n'était peuplée que de rares organismes capables de vivre sous les intenses rayons ultraviolets. La vie se concentrait dans l'océan où les UV ne pénètrent pas. Mais, il y a 3,5 milliards d'années, une algue primitive est apparue à la surface de la mer, équipée du pigment de chlorophylle, autrement dit capable de se développer grâce à l'énergie du Soleil. Ce fut l'avènement de la photosynthèse. Sous l'action de la lumière, les végétaux transforment le gaz carbonique (CO_2) de l'air en glucose dont ils se nourrissent et libèrent le dioxygène qui apparaît pour la première fois sur la planète. Attaquée par les rayons ultraviolets du Soleil, la molécule de dioxygène est scindée en deux atomes libres d'oxygène qui vont s'unir à trois pour former l'ozone (O_3). Le bouclier contre les UV était né. Ces algues bleues primitives, les cyanobactéries, ont offert l'oxygène puis l'ozone à la planète. Ainsi protégées, les espèces océaniques colonisèrent progressivement la Terre. En mer, elles sont à l'origine de la diversité du phytoplancton (diatomées, dinoflagellés…), le socle de la vie dans les océans.

Il y a des milliards d'années, l'avènement de l'ozone dans l'atmosphère a permis le développement de la vie sur Terre. Cette apparition et sa lente évolution révèlent que la nature a sa vie propre, qu'elle avance à son rythme dans le sens des équilibres providentiels, propices à l'émergence de la vie et à la diversité des espèces. Aujourd'hui l'humanité, l'espèce dominante, est un puissant perturbateur des harmonies naturelles ; à cette cadence, la nature pourra-t-elle longtemps assurer notre sauvegarde face à d'autres espèces émergentes ? Comme l'a révélé la Covid 19, un ennemi invisible a défié l'humanité tout entière en quelques semaines, mettant à terre les plus puissantes armées du monde. Attention, on ne badine pas avec la nature. Il est grand temps de renouer avec l'écosystème Terre.

Cela faisait six mois que nous poursuivions notre navigation exploratoire sur les mers du Sud. Les nouvelles qui nous arrivaient de France confirmaient le succès de la diffusion hebdomadaire à la télévision des petits films que nous réalisions et le formidable impact pédagogique que cette aventure suscitait sur un Internet naissant. Le pari d'animer un programme éducatif par le partage en « temps réel » d'une expédition à vocation scientifique et pédagogique se révéla une excellente idée qui s'est ensuite rapidement développée avec les progrès des télécommunications par satellite. L'engagement sur le terrain légitime vos propos, vous donne les arguments et la force d'en parler. Je revenais avec la satisfaction d'une mission accomplie et je savais que cette tentation pédagogique ancienne allait pouvoir se déployer sur mes prochaines expéditions.

XXI

Erebus, un lac de lave où seul *Antarctica* pouvait me conduire

Mer de Ross, Antarctique, janvier 1994

Deux années après cette première expédition sur l'océan Austral, je revenais en Antarctique, guidé par un projet qui me fascinait depuis la lecture du récit de l'expédition d'Haroun Tazieff : « Erebus : volcan antarctique[45] ». En 1974, le célèbre volcanologue et son équipe avaient tenté de descendre au fond du cratère pour prélever des échantillons de ce lac de lave incandescente perdu dans les glaces du pôle Sud. Ils avaient échoué à cause d'une hyperactivité dangereuse du volcan. Vingt ans après, j'y allais avec le même objectif, accompagné de deux volcanologues[46], des compagnons de l'expédition d'Haroun Tazieff.

Le 11 décembre 1993, *Antarctica* quittait le port de Hobart, en Tasmanie. Avec 30 nœuds de vent du nord, nous filions au portant vers la mer de Ross, cette échancrure profonde

45. Éditions Arthaud, 1978.

46. François Le Guern, dit Fanfan, et René-Xavier Faivre-Pierret, dit Yeti, ont accompagné Haroun Tazieff dans de nombreuses expéditions. Ils faisaient partie de mon équipe à l'Erebus.

située sur la côte Pacifique de l'Antarctique. Nous venions de passer le cercle polaire et n'avions toujours pas vu de glace, à l'exception d'un iceberg de bonne taille. Quelques pétrels des neiges, reconnaissables à leur blancheur immaculée, virevoltaient autour du bateau. Ces oiseaux inféodés à la banquise étaient un signe qu'elle n'était plus très loin. À minuit, elle apparut sur le radar, à une quinzaine de milles, nette comme un trait de côte qui barrait tout l'écran. J'allai me reposer.

Vers deux heures du matin, Yann frappa à la porte de ma cabine, je m'étais endormi.

– Jean-Louis, ça y est, on arrive à la frontière.

Devant nous une digue de banquises disloquées et compactes barrait l'entrée de la mer de Ross. Nous arrivions à la limite de la mer libre. C'était impressionnant. Le vent du Nord avait poussé la glace du large à l'entrée de la mer où elle s'était accumulée en un mur infranchissable. Nous passâmes des heures à longer cette frontière pour chercher une ouverture. En vain.

Les discussions s'engagèrent. Pourquoi s'entêter à rester là ? Les images que nous recevions par fax sur les états de glace du secteur étaient trop floues, trop imprécises pour prendre la décision d'aller chercher ailleurs une ouverture. Je me fiais aux instructions nautiques que j'avais consultées en préparant l'expédition. Elles compilaient l'expérience des navires qui traversent la mer de Ross depuis 1956 pour avitailler la station américaine McMurdo sur l'île de Ross, où se situe le volcan Erebus. Le passage le plus précoce s'ouvre sur le méridien 180°, où nous étions. La mer était forte, le vent du nord ne faiblissait pas et nous ne pouvions pas rester là à attendre, il fallait trouver un passage pour entrer dans le pack où nous serions à l'abri.

Je montai dans le nid de pie, à 25 mètres au-dessus du pont, et aussi loin que je pouvais voir, tout était blanc jusqu'à l'horizon, la mer totalement couverte d'une banquise compacte de blocs agglutinés, rien de réjouissant. Cependant, en scrutant attentivement, il me sembla entrevoir une zone ouverte qu'il fallait tenter d'atteindre. Je redescendis avec le sourire.

– Les gars, la glace est assez compacte sur les 100 premiers mètres, mais derrière, ça se relâche, il y a même quelques chenaux d'eau libre. Il faut rentrer dedans.

Yann, le commandant, se tourna vers moi, interloqué, et m'interrogea du regard.

– Allez, Yann, on remonte les dérives et on y va. *Antarctica* a été construit pour ça.

La mer agitée faisait onduler cette barrière flottante qu'il fallait traverser sur une centaine de mètres environ. Devant nous, les blocs de la banquise épaisse s'entrechoquaient et on avait l'impression d'aller droit à l'échouage sur une côte rocheuse en pleine tempête. En avance lente, le premier choc avec la banquise résonna dans tout le bateau, amplifié par la vibration des mâts. Ça cognait très fort, on s'entendait à peine parler. Par moments, le bateau soulevé par les compressions de la glace retombait à grand bruit. Maintenant qu'on était entré dans le pack, il fallait y aller, « avance toute », vite sortir de ces glaces flottantes secouées par la houle. Après une centaine de mètres de bravoure, on entra dans une petite étendue d'eau libre. *Antarctica* flottait enfin en silence sur une petite étendue de mer calme cernée par la banquise. J'entendis des « Hourrah ! » de fierté et de soulagement. Le bateau venait de vivre sans encombre son baptême des glaces. Il était maintenant pris dans le champ de glace qui recouvre la mer de Ross. D'après les images que nous recevions par fax du Navy/NOAA Joint Ice Center, elle s'étendait sur près de 500 kilomètres avant de trouver la mer libre aux environs de l'île de Ross. Nous allions donc devoir nous armer de patience.

Après dix jours à chercher le passage, nous avions à peine fait la moitié du chemin. Nous traversions des moments de découragement suivis d'intenses espoirs selon la vitesse de progression. Les patiences et les enthousiasmes s'érodaient. J'avais par moments des doutes que je gardais pour moi, craignant que nous arrivions trop tard au pied du volcan. Nous avions prévu un mois et demi pour atteindre le sommet de l'Erebus, qui culmine à 3 750 mètres, équiper le cratère pour descendre jusqu'au lac de lave et revenir au bateau. La saison de navigation est courte en mer de Ross et il fallait que nous en soyons sortis fin février.

Trois semaines furent nécessaires pour sortir de ce bouclier de glace, aidés, sur les 100 derniers kilomètres, par le providentiel Coast Guard qui ravitaillait la base américaine de McMurdo. Retrouver l'eau libre fut un immense soulagement. Après 36 heures de navigation, l'Erebus apparut enfin à l'horizon.

– Le panache ! Je vois le panache, cria Fanfan.

Tout le monde se précipita sur le pont dans un grand mouvement d'effervescence et de bonne humeur générale. Je montai dans le nid de pie m'isoler de l'excitation du groupe et vivre, apaisé, le firmament de l'instant. Il y a deux ans que je rêvais de ce moment ; l'avoir atteint était ma première victoire. Devant nous pointait l'île de Ross. Ses sommets volcaniques portent le nom de navires légendaires, l'*Erebus* et le *Terror*[47] de James Clark Ross, le découvreur. En 1841, il était arrivé jusqu'ici uniquement à la voile. Quelle audace et quel talent ! Les deux autres volcans se nomment le *Terra Nova,* en référence au navire de la deuxième expédition de Scott au pôle Sud (1912-1913) qui lui fut fatale, et le mont Bird qui était le second de Ross sur l'*Erebus*.

Une question se posait maintenant : où allions-nous pouvoir débarquer ? L'île était bien défendue par des murailles de glace qui descendaient jusqu'à la mer. Deux pointes rocheuses émergeaient cependant des glaciers. Il n'y avait apparemment pas d'autre choix. Après un coup d'œil sur la carte, c'était bien là que les pionniers de la conquête du pôle Sud avaient installé leur camp de base : Scott au cap Evans et Shackleton au cap Royds. Ce dernier était plus proche de l'attaque de l'Erebus et l'on se dirigea dans cette direction. La chance nous sourit : au fond d'une baie protégée, une plaque de banquise solidement accrochée à la côte allait servir de quai de débarquement. On fixa *Antarctica* à deux bites d'amarrage taillées à la tronçonneuse dans la glace. Il faisait exceptionnellement beau, pas un souffle d'air. Il fallait en profiter pour amener au plus vite le matériel sur la terre ferme. Notre quai éphémère pouvait à tout moment se décrocher de la côte.

Rappel émouvant de l'histoire, c'est ici même, à Backdoor Bay que Shackleton débarqua du *Nimrod* en février 1908. Sa cabane est toujours là, derrière la colline, préservée par

47. L'*Erebus* et le *Terror* furent repris pour l'exploration du passage du nord-ouest sous le commandement de John Franklin. L'équipage des deux navires périt. Les deux épaves ont été retrouvées récemment.

le froid. C'est de là qu'il partit avec ses trois compagnons en janvier 1909 pour tenter de conquérir le pôle Sud. Tout est en l'état : la cuisinière au charbon avec la bouilloire et des gamelles en acier toutes rouillées, trois vieilles paires de chaussures, 150 boîtes de chocolat, 25 paquets de bougies et dehors, tout un dépotoir de boîtes de conserve métalliques. Rien ne semble avoir changé depuis qu'ils ont quitté les lieux. L'imprégnation était si forte que j'en restai muet. Pour la troisième fois, l'occasion m'était donnée de me recueillir sur les vestiges laissés par l'admirable Shackleton. Précédemment sur sa tombe en Géorgie du Sud, puis sur l'île de l'Éléphant. C'est d'ici aussi que des membres de son équipe partirent à l'assaut de l'Erebus. Après quatre jours d'ascension, ils avaient découvert avec stupéfaction un lac de lave rouge au fond d'un cratère géant où descendaient des coulées de glace noircies par les éruptions de cendres. Un volcan dans les glaces !

Nous avons passé un mois sur l'Erebus à 3 750 mètres d'altitude. Des effondrements de paroi nous interdisaient de descendre jusqu'au lac de laves rouges en ébullition, trop dangereux. Perchés sur les bords du cratère, les deux volcanologues analysaient quotidiennement les gaz du panache. L'Erebus rejette en moyenne chaque année 10 000 tonnes de dioxyde de soufre et autant d'acide chlorhydrique. Rien qui étonnait nos chercheurs. Le volcan crache depuis qu'il a émergé de la mer il y a un million d'années, et cette production participe, avec l'ensemble des volcans de la planète, à ces équilibres millénaires que nous cherchons à interpréter.

XXII

Mer de Ross,
LE PLUS GRAND SANCTUAIRE MARIN DU MONDE

Cap Crozier, février 1994

En quittant Backdoor Bay, on contourna l'île jusqu'au cap Crozier, le dernier bastion de terre avant la longue muraille de glace de la barrière Ross – plus de 800 kilomètres. C'est là qu'en octobre 1902, le Dr Edward Wilson, médecin de la première expédition de Robert Falcon Scott au pôle Sud, naturaliste et ornithologue passionné, fit une observation surprenante. Alors que des manchots Adélie arrivaient au printemps sur leurs aires de reproduction, des manchots empereurs s'affairaient à nourrir leurs petits. Il s'étonna que ces poussins empereurs soient nés en plein hiver polaire.

On connaît aujourd'hui l'extraordinaire épopée du cycle de reproduction du manchot empereur. En mars-avril, au début de l'hiver austral, par un signal dont ils ont le secret, la colonie de manchots prend pied sur la banquise et dans un même élan se met en route pour une marche d'une centaine de kilomètres. Dos ronds noirs dodelinant, étranges funambules grégaires, ils avancent en file indienne jusqu'à l'aire de nidification, là où ils sont nés. Début juin, dans la nuit et le froid de l'hiver, la femelle pond un œuf qu'elle confie au mâle et repart pour une longue marche de plusieurs centaines de kilomètres jusqu'à la mer où elle reprendra des forces et emmagasinera des réserves afin de nourrir le petit au retour à la roquerie[48]. Les mâles sont entre eux, chacun avec son œuf qu'il garde précautionneusement sur ses pattes, à l'abri sous la douce chaleur du pli abdominal qui le recouvre. Serrés les uns contre les autres pour affronter des vents catabatiques à plus de 100 km/h et des températures glaciales enregistrées jusqu'à moins 50 °C, les mâles entament deux mois de couvaison, sans se nourrir. Deux mois d'immobilité relative et de petits piétinements, de telle sorte que les animaux situés à la périphérie du groupe gagnent peu à peu le centre afin de se réchauffer, puis ressortent lentement en une ronde perpétuelle ; et ainsi de suite. Le poussin éclot en août, dans la nuit polaire, et reste blotti sur les pieds de son père, sortant de temps en temps la tête en quête de nourriture. Le mâle, qui ne s'est pas alimenté depuis deux mois, possède une réserve spéciale, un concentré de protéines pour une dizaine de jours, en attendant le retour de la mère. Dès que la cohorte des femelles arrive, les mâles entament à leur tour la même marche pour rejoindre la mer. Les parents se relayent ainsi toutes les trois semaines. Dès que les immatures savent marcher, ils se regroupent en « crèches » pour se réchauffer, comme leurs pères en hiver. En décembre, alors que l'été s'installe, les oisillons perdent leur duvet juvénile et s'initient au plongeon dans des espaces d'eau libre. Ils sont alors prêts à entreprendre la marche vers la mer. L'océan est leur royaume où ils passeront l'essentiel de leur vie. Dans cinq ans, en âge de se reproduire, ils se rendront

48. Colonie d'oiseaux qui se rassemblent pour se protéger du froid.

en lisière de banquise au rendez-vous inscrit dans la mémoire collective. Tatouée dans le secret des gènes, l'obstination à se reproduire s'exprime par cet inévitable retour vers leur village éphémère sur la banquise côtière du cap Crozier[49].

En plus des manchots empereurs, le cap Crozier abrite une vaste population de manchots Adélie, sans doute l'une des plus grandes colonies de l'Antarctique. Les phoques de Weddell viennent à terre s'y reproduire tandis que les phoques crabiers habitent les glaces flottantes. Devant tant de ressources, les prédateurs rôdent : les skuas, appelés aussi labbes antarctiques, virevoltent au-dessus des colonies de manchots à l'affût de poussins égarés, plus au large les léopards de mer et les orques attendent le passage des manchots, ce sont les lois de la nature. Aujourd'hui, la mer de Ross renoue peu à peu avec son écosystème originel, celui du temps d'avant les chasseurs de phoques et de baleines, de pêcheurs de krills et de calmars. Il a fallu 25 années d'âpres négociations pour qu'elle devienne enfin une aire marine protégée. Aujourd'hui encore, un travail de lobbying reste à faire pour que les deux projets d'aire marine protégée en attente autour de l'Antarctique soient enfin votés. Les Russes et les Chinois s'y opposent. L'océan Austral serait alors le plus grand sanctuaire marin du monde où les espèces autochtones pourraient vivre en paix là où l'instinct les conduit.

49. Aujourd'hui cette aire de reproduction est classée « Zone spécialement protégée de l'Antarctique » (ZSPA).

Partie 4

ENTREPRENEUR D'EXPÉDITIONS

Une idée d'expédition n'est jamais une création spontanée ; elle est une synthèse opportune au confluent d'un réel besoin de découverte, d'un désir d'engagement pour des programmes où l'exploration se conjugue avec le partage des connaissances dans les domaines des sciences de la Vie, de la Terre et de sa préservation.

XXIII

Corail, la forteresse d'une île

Papeete, juillet 1994

La fièvre chronique de la Terre ne concerne pas que les régions polaires. La Polynésie est périodiquement en souffrance. Déjà en 1994 elle était particulièrement touchée par le blanchissement du corail. Je proposai au professeur Bernard Salvat, éminent spécialiste français du corail, et à son équipe du CRIOBE[50], de mettre *Antarctica* à leur service pour une campagne océanographique sur l'état de santé du corail. Construit pour les régions polaires, *Antarctica* est parfaitement adapté à l'exploration des atolls : dérives relevées, son faible tirant d'eau permet de s'engager dans les passes sans craindre une collision avec les patates de corail tant sa coque est solide. Sur la route du retour de l'Erebus, le bateau remontait à Tahiti où je les rejoignais.

À ma descente d'avion, le nombre de colliers de tiaré qui m'étaient généreusement enfilés autour du cou et les chants de bienvenue accompagnés au ukulélé ressemblaient

50. Centre de Recherches Insulaires et Observatoire de l'Environnement installé en France, à Perpignan, et à Moorea, en Polynésie française.

à un accueil triomphal dont j'ignorais la raison. Jusqu'à ce que j'aperçoive *La Dépêche de Tahiti* que certains brandissaient à bout de bras : « Le docteur Étienne au chevet du corail. » Le titre s'étalait à la Une du journal sous une photo d'*Antarctica* au port de l'Arsenal depuis quelques jours.

Dans cette belle Polynésie où fleurissent les lagons turquoise, le corail se développe dans une eau à la température confortable de 27 °C. Mais depuis quelques semaines, la température de l'océan avait atteint des records, + 30 °C, et le corail souffrait. On assistait à un blanchissement de grande ampleur sur l'ensemble du territoire. Que se passait-il ?

Contrairement aux apparences, les coraux ne sont pas des plantes aquatiques mais des animaux bâtisseurs. À l'origine de chaque forteresse corallienne, il y a une île volcanique sortie du fond de l'océan par ce que l'on appelle un point chaud, un trou dans le plancher océanique par où le magma en fusion remonte des entrailles de la Terre. Des milliers d'années après l'éruption, le corail se développe autour de la masse volcanique refroidie, accroché à la côte, c'est le corail frangeant. Lentement, sur des millions d'années, l'île s'enfonce sous son poids et le corail vivant à la périphérie continue son travail de bâtisseur. Il croît à la verticale, restant toujours à fleur d'eau pour recevoir la lumière indispensable à sa croissance. Ainsi, au fil du temps, l'espace qui se crée entre le récif et l'île volcanique s'élargit progressivement et un lagon s'installe, plus ou moins large selon l'âge du volcan. Dans l'archipel des Tuamotu, qui s'est formé il y a 30 à 50 millions d'années, le volcan d'origine a disparu, englouti dans le manteau terrestre, et a laissé la place à des myriades d'anneaux coralliens : on parle alors d'atoll.

Le corail est un organisme vivant très particulier constitué de milliards de polypes, petits organismes bâtisseurs d'aragonite qui constitue leur squelette calcaire. Cette sorte de craie blanche est le matériau du récif corallien. Pour vivre, chaque polype loge dans ses tissus des algues microscopiques unicellulaires, les zooxanthelles qui, par photosynthèse, lui apportent la nourriture et l'oxygène nécessaires à son développement. Le corail et les zooxanthelles vivent en association mutualiste, en symbiose. Ils se nourrissent, se protègent, s'apportent mutuellement les éléments essentiels à leur vie commune. Ces microalgues, brunes ou vertes, donnent sa couleur au récif. Agressé par un stress thermique prolongé – l'eau à 30 °C –, le corail expulse son algue symbiotique. Le tissu du corail, devenu transparent, laisse alors voir le squelette de calcaire blanc, c'est pour cela que l'on appelle ce phénomène le blanchissement. Le corail s'épuise alors, mais rien n'est encore perdu pour autant, à condition que la température de l'eau redescende autour de 28 °C. Dans ce cas, l'algue réintègre son habitat, la vie reprend et le corail retrouve sa couleur. Si la période de réchauffement dure trop longtemps, le corail meurt et peu à peu le récif est inéluctablement envahi par les algues brunes, un processus irréversible.

Les Polynésiens s'inquiètent de la fréquence accrue des périodes de blanchissement du corail depuis les années 1980[51], de toute évidence en lien avec le réchauffement climatique. En temps normal, dans cette région intertropicale, l'alizé souffle

51. La Grande Barrière australienne, suite à deux années particulièrement chaudes, a vu près de 70 % des coraux blanchir et 50 % sont morts. Entre 1987 et 2014, la Grande Barrière a perdu plus de la moitié de ses coraux.

d'est en ouest, entraînant un courant d'eaux chaudes et d'air humide qui traverse le Pacifique, provoquant de fortes précipitations en direction de l'Australie et de l'Asie. En amont, du côté de l'Amérique du Sud, le courant froid de Humboldt remonte du cap Horn en longeant la côte Pacifique. Lorsqu'il rejoint les alizés au niveau des tropiques, les eaux froides et profondes remontent à la surface – on parle d'*upwelling*. Ces eaux riches en algues planctoniques et sels minéraux – l'azote et le phosphore – entretiennent une productivité biologique exceptionnelle, attirant des populations de poissons qui font la richesse piscicole du Chili, du Pérou et de l'Équateur. En occupant à peine 0,2 % de la surface océanique, cet écosystème héberge 30 % de la biodiversité marine planétaire, toutes espèces confondues. Il fournit 5 à 10 % des captures maritimes mondiales, essentiellement des anchois et des calmars, c'est dire si la pêche joue un rôle important dans l'économie de ces pays côtiers.

Tous les ans, au début de l'été, vers le mois de décembre, le courant s'inverse et ramène, le long de la côte de l'Équateur et du Pérou, des eaux chaudes qui bloquent la dynamique d'*upwelling*. Les poissons disparaissent et la pêche s'arrête jusqu'en avril. En revanche, cette inversion de courant amène des précipitations abondantes favorables à l'agriculture dans les régions littorales du Pérou et de l'Équateur. Les pêcheurs ont baptisé ce phénomène naturel El Niño, car il apparaît aux environs de Noël. C'est le régime climatique normal de ces régions côtières de l'Amérique du Sud.

Mais périodiquement, de manière irrégulière, tous les deux à sept ans, l'alizé et le courant inversent leur trajectoire sur l'ensemble du Pacifique. Les eaux chaudes et l'humidité afférente refluent de l'Asie vers l'est, jusqu'à la Polynésie française et au-delà vers les côtes de l'Amérique du Sud. Par analogie, les scientifiques ont baptisé ce phénomène climatique El Niño, bien qu'il affecte l'ensemble du Pacifique Sud. L'inversion du vent et du courant a des conséquences importantes : alors que l'Indonésie et l'Australie connaissent des sécheresses exceptionnelles, les côtes du Pérou et de l'Équateur se retrouvent sous des pluies diluviennes provoquant inondations et glissements de terrain. Les poissons désertent les eaux chaudes côtières, entraînant un effondrement dramatique de la pêche. Ces épisodes débutent en général en milieu d'année et durent de 6 à 18 mois avec une intensité maximale vers Noël. Le phénomène El Niño entraîne des perturbations climatiques qui dépassent la seule zone du Pacifique Sud et a des conséquences sur l'ensemble de la planète. Sans qu'il y ait consensus, le réchauffement climatique global pourrait avoir un rôle déclencheur, et sans aucun doute amplificateur.

Certes, les coraux sont des sentinelles de l'état de santé des océans[52] mais leur comportement face aux arrivées d'eaux chaudes (30 °C) soulève de nombreuses questions. Pour quelle raison le polype se débarrasse-t-il de son algue nourricière quand il est en difficulté ? Est-ce l'algue qui va chercher ailleurs un habitat plus clément ? Est-ce réellement le polype qui

52. Une augmentation de seulement 0,5 °C au-dessus d'un seuil critique (aux alentours de 28 °C, variable selon les régions) suffit à provoquer le blanchissement de masse : d'après le Pr Denis Allemand, c'est le seul phénomène induit par les changements climatiques visibles à l'œil nu en quelques heures.

expulse l'algue et se met en situation d'en recevoir d'autres, plus résistantes à la chaleur ? Le Professeur Denis Allemand, directeur du Centre scientifique de Monaco, s'interroge sur ce drôle de duo. Dans quelle mesure l'hôte animal et la zooxanthelle sont-ils en compétition dans la recherche de la meilleure efficacité adaptative ? Il existe des épisodes de blanchissement en dehors des épisodes El Niño. Serait-ce alors un phénomène naturel permettant un renouvellement de l'écosystème ? Les relations sont d'autant plus complexes que les zooxanthelles ne sont pas les seuls partenaires de cette symbiose : le corail est en fait une véritable HLM hébergeant de nombreux partenaires, bactéries, virus, protistes, champignons qui constituent un microbiote dont le rôle commence à peine à être ébauché. La transplantation du microbiote de coraux tolérants à la température pourrait-elle accroître la tolérance des coraux receveurs ? Voici des pistes pour aider les récifs coralliens à passer le cap du XXIe siècle !

Deux chercheurs français du CRIOBE, Serge Planes et Laetitia Hédouin, travaillent sur des « coraux résistants » qui ne sont pas impactés par ce stress thermique. Ils étudient leurs capacités de résilience et espèrent comprendre la nature de ces « supercoraux ». On pourrait imaginer restaurer des récifs avec des coraux résistants, mais on ne peut espérer de solution à grande échelle. Les coraux sont aujourd'hui menacés partout dans le monde par la température croissante de l'eau et toutes sortes d'agressions anthropiques, notamment l'acidification et la pollution chimique des océans. Si ces forteresses vivantes venaient à disparaître, elles ne protégeraient plus les îles du Pacifique face à la montée inéluctable du niveau de l'océan.

Ce serait aussi la perte d'un habitat où la biodiversité est aussi riche que celle des forêts tropicales[53].

À la fin de la mission d'étude sur le corail[54] je tins à faire un détour par Bora Bora avant de rentrer en France, pour rendre visite à Paul-Émile Victor. C'était émouvant de voir ce vieil homme en paréo de couleur qui lui allait si bien. L'œil toujours vif, interrogatif, il me demanda de sa voix profonde :

– Alors, quelle sera ta prochaine aventure ?

– On va faire un hivernage au Spitzberg pour préparer la dérive de Nansen à travers l'océan Arctique.

Il ne dit rien, hocha la tête et ferma les yeux. S'imaginait-il partir une nouvelle fois sur la banquise, retrouver les éblouissants clairs de lune de la nuit polaire sans fin, les Inuits de la civilisation du phoque, la danse des aurores boréales, le calme froid des puissants déserts blancs… Il leva la tête vers moi et sourit :

– Je viendrai avec toi… dans une prochaine vie.

53. D'après le GIEC, il faut s'attendre à une disparition probable de 99 % des récifs pour la fin du siècle dans un scénario de + 2 °C !

54. *Antarctica* est revenu en Polynésie pour Tara Pacific, une mission de deux ans consistant à ausculter la biodiversité des récifs coralliens et leur évolution face au changement climatique et aux pressions anthropiques sous la direction scientifique de Serge Planes et Denis Allemand.

XXIV

Nuit polaire au Spitzberg

Spitzberg, hiver 1995-1996

Nous étions amarrés depuis plus de deux heures au vieux quai en bois de Longyearbyen[55], quand une voiture officielle arriva sur le quai. Un homme à casquette en descendit et se dirigea d'abord vers l'arrière d'*Antarctica,* puis vint à notre hauteur.

– Bonjour, Messieurs !

– Bonjour, Monsieur, bienvenue à bord.

À peine avait-il posé le pied sur le pont qu'il prit un air sévère et embarrassé :

– Désolé mais je dois vous demander d'enlever le pavillon français à l'arrière du bateau.

Qu'avions-nous fait de si grave pour nous imposer un acte fort aussi symbolique ?

Il poursuivit :

– Il y a eu quelques manifestations antifrançaises un peu partout en Norvège depuis l'annonce par votre Président[56]

55. Longyearbyen est la capitale administrative du Svalbard, un archipel au nord de la Norvège dont l'île principale est le Spitzberg.

56. Le président Chirac annonça la reprise des essais nucléaires dans le Pacifique à l'occasion de la rencontre traditionnelle avec les journalistes le 14 juillet 1995.

de la reprise des essais nucléaires dans le Pacifique et nous voulons éviter qu'elles se multiplient.

Je me souvenais des réactions hostiles que nous avions déjà subies à Hobart, en Tasmanie, pendant la préparation de l'expédition Erebus deux ans plus tôt, et de l'humiliation que j'avais ressentie d'appartenir à une nation indésirable.

Le fonctionnaire se détendit autour d'une tasse de café. Il ouvrit la chemise en carton qu'il roulait fébrilement dans ses mains et nous montra un article qu'il avait découpé dans une revue nautique norvégienne : « *Antarctica*, sur les traces du *Fram* de Nansen. » Puis il me tendit la lettre que j'avais adressée au Sysselmannen, le gouverneur de Svalbard, pour l'informer de notre hivernage ; elle datait du 12 décembre 1994.

– Vous étiez attendus, soyez les bienvenus, nous dit-il en débarquant tout sourire.

Avec le même équipage que pour l'expédition à l'Erebus, nous partions pour un hivernage de huit mois au Spitzberg. Il s'agissait d'un test de préparation pour la grande dérive arctique, l'expédition pour laquelle j'avais fait construire *Antarctica*. C'était aussi l'opportunité pour Jean-Claude Gascard, océanographe français spécialiste de l'océan Arctique, d'étudier la formation des ses eaux profondes. Sous la banquise les eaux denses, froides et salées, plongent au fond de l'océan et partent dans un grand circuit autour du monde. Un voyage qui dure 1 000 ans !

Nous avions prévu de passer l'hiver dans le Storfjord, une profonde échancrure sur la côte sud-est du Spitzberg, mais la glace nous empêcha d'y entrer. Changement de plan donc : nous irions sur la côte ouest trouver refuge dans le Van

Mijenfjorden. Après avoir viré le sud du Spitzberg, nous fîmes route vers le nord. Sur ce versant ouest de l'île, nous étions en principe protégés des masses de banquises compactes venant de la mer de Barents qui nous avaient barré la route vers le Storfjord. Sans aucun doute l'arrivée de l'hiver avait sonné. Nous avancions au radar dans la nuit noire, et sous le projecteur installé sur le pont on devinait une soupe épaisse en train de se former à la surface de l'eau. Il faisait moins 8 °C et l'océan commençait à se couvrir de son manteau d'hiver. La glace encore malléable nous laissait facilement passer, mais à tout moment le durcissement de l'eau pouvait s'accélérer, comme celui du plâtre dans l'auge à gâcher quand on a trop traîné. La croûte de surface avait la transparence opaque du verre sablé, nous étions à cet instant crucial du changement d'état de la matière. Par endroits, les ondulations de la mer morcelaient cette glace pâteuse en petites entités qui s'individualisaient, s'arrondissaient en se frottant l'une contre l'autre. Posées comme des feuilles rondes sur la mer, elles dansaient avec la houle et se chargeaient d'une couronne de cristaux. On se serait cru dans un champ de nénuphars de toutes les tailles, des tout petits jusqu'aux plus grands de plusieurs mètres de diamètre. Les Anglo-Saxons parlent de « *pancake* », les marins français, souvent d'origine bretonne, parlent de champs de crêpes.

Le lendemain soir, l'entrée du fjord Van Mijenfjorden se dessina sur le radar, une porte qui semblait bien étroite entre les rochers. Dans le faisceau du projecteur, des blocs de glace tourbillonnaient dans une eau agitée. De toute évidence il y avait du courant, et il était contre nous. On ne voyait pas grand-chose. Les deux moteurs à fond, le bateau progressait au radar dans ce goulet étroit que la nuit et le vent rendaient encore plus impressionnant. Quand enfin l'eau devint plus calme, je compris que le plus dur était derrière nous. Mais 500 mètres après le passage de cette « turbine », *Antarctica* entra à nouveau dans une gangue de glace pâteuse de 20 centimètres d'épaisseur. C'était de la jeune banquise fraîchement formée dans les eaux calmes du fjord. Lisse, compacte, homogène, elle n'avait pas subi le travail de la houle, et le frottement sur la coque était tel que nous progressions péniblement à un nœud. Parfois, nous devions nous y reprendre à deux fois : reculer, prendre de l'élan et lancer l'étrave sur la jeune glace qui s'effondrait sous les coups de boutoir.

Après cinq heures de lutte, on pénétra enfin dans la petite baie de Fridtjof Amna où nous allions passer l'hiver. Dès l'arrêt des moteurs, la glace nous immobilisa et un silence de plomb s'abattit sur le navire. En guise de bienvenue, le voile vert d'une aurore boréale dansait dans la nuit. Libéré de mes incertitudes, je pouvais souffler, goûter cet instant de sublime beauté pour lequel j'étais venu ici me fondre dans cet art brut, dépouillé.

Les premiers jours, la permanence de la nuit fit émerger quelques dérives dans les rythmes biologiques de chacun, incompatibles avec la vie du groupe. Il devint indispensable d'instaurer des règles : respect rigoureux de l'heure des repas et des tours de vaisselle, comme l'acte fondateur de notre charte communautaire.

À peine étions-nous installés pour l'hiver que le vent se mit à hurler. Des rafales à 60 nœuds traversaient le pont dans un vacarme de train lancé sur les rails. Les drisses claquaient le long du mât. Nous étions obligés de crier pour nous faire entendre. Immobile sur une mer figée par la glace, *Antarctica* s'était mu en refuge où je me sentais tellement bien. Ces forces de la nature ont toujours sur moi un effet cathartique apaisant.

La tempête s'éternisa jusqu'au lendemain et le calme revint avec la même soudaineté qu'il s'en était allé. Tôt le matin, le ciel retrouva sa transparence noire, insondable, constellée de mille lumières. Les étoiles semblaient plus lumineuses que jamais, comme si la tempête avait nettoyé les ampoules du ciel. Le blizzard avait englouti le bateau et les filières émergeaient de la neige comme la clôture d'un champ qu'il suffisait d'enjamber pour débarquer. Les jours de pleine lune donnaient à la neige l'épaisseur irréelle d'une nappe fluorescente. Il faisait désormais moins 28 °C. Dehors, au chaud dans ma doudoune, je jouissais de l'instant. Aucune trace, rien, pas la moindre empreinte, tout semblait à découvrir comme à l'origine des temps. Les aurores boréales nous donnaient de temps en temps des nouvelles du Soleil.

Chacun effectuait à son rythme ses tâches routinières d'entretien, de mesures, d'écriture et… de rien. La permanence de ce huis clos forçait à s'occuper de soi en évitant de faire peser aux autres ses propres exigences. À l'abri des nouvelles du monde, on se soulageait peu à peu des conflits qui l'animent, qui chagrinent nos âmes d'une impuissante culpabilité. La purge des tentations consommatrices laissait la place à l'émergence de quêtes d'essentiel. Il n'y avait pas de gourou dans cette retraite ni la main courante d'une foi religieuse, tous s'étaient engagés sans alibi, sans garde-fou, simplement sur l'envie de vivre cette aventure que l'isolement mettait à l'épreuve. La permanence de la nuit, la sobriété de la vie donnaient libre cours à une forme de spiritualité laïque. L'exil imposait à chacun de faire appel à des ressources personnelles, le plus souvent insoupçonnées. Il faut rompre périodiquement avec la boulimie compulsive du monde pour retrouver les forces intrinsèques, authentiques de la simplicité.

Le sevrage de soleil s'éternisa jusqu'au 16 février. Ce jour-là, en France, il y eut quatre minutes de soleil supplémentaires. Quatre minutes auxquelles personne ne prêta attention. Mais ici, au Spitzberg, à 77° 40' de latitude Nord, le Soleil s'est levé pour la première fois sur l'horizon. Debout sur la pointe des pieds, il a lancé un regard au-dessus du rideau de la nuit. Le relief des montagnes s'est embrasé dans l'aube pourpre et l'austère glacier qui domine le bateau s'est mis à serpenter jusqu'à la mer comme une coulée d'argent. Pendant ces quatre petites minutes, le Soleil fut à lui seul toute notre vie, et sa chaleur à peine perceptible, une éphémère résurrection après quatre mois de nuit. On ne l'a pas lâché tout au long de son court arc de cercle ; il eut été sacrilège d'en priver d'une seule seconde nos sens assoiffés. Après sa disparition, on se retrouva dans le carré du bateau, excités et tout hébétés. En s'immisçant dans notre microcosme, l'astre venait de rompre la routine autarcique du bord et reprenait le tempo. En nous offrant la lumière, il appelait nos vies vers le grand dehors. Nous faisions à nouveau partie du monde.

À l'issue de cette nuit polaire glaciale, j'étais confiant dans la capacité d'*Antarctica* à nous conduire vers la prochaine étape : la dérive arctique.

XXV

La débâcle[57]

Spitzberg, juin 1996

En juin, le soleil ne se couche plus et continue son ascension progressive jusqu'au 21, jour du solstice d'été. Sous les effets de son rayonnement permanent, nous assistions aux changements d'état de la glace de mer. La banquise se fracture, libérant des étendues d'eau où les oiseaux de mer peuvent s'alimenter. Ils arrivent par vagues régulières, enivrant l'azur de leurs cris stridents qui annoncent le retour sur la terre natale. Il y a du bonheur dans le ciel. Le Grand Nord les magnétise pour les conduire sans faille, en temps et lieu, au rendez-vous annuel de l'espèce.

Ce fut un privilège d'assister au retour de la vie dans ce désert blanc en pleine transformation. Pendant sept mois, nous nous étions dilatés dans l'infini du temps, prenant les jours comme ils venaient, sans autres perspectives que d'accomplir les tâches quotidiennes et satisfaire au mieux la logistique des scientifiques auprès desquels je m'étais engagé. Nous attendions maintenant que la glace nous libère, continuer la route vers

57. La débâcle est la rupture de la banquise à la fin du printemps.

le passage du nord-est et laisser le bateau se faire prendre par la banquise. Nous étions prêts pour nous engager dans une dérive arctique, un siècle après Nansen. Mais une nouvelle abrupte allait mettre un terme à ce projet que je nourrissais depuis plus de dix ans et pour lequel j'avais fait construire *Antarctica*. Mon partenaire financier interrompait brutalement le contrat : changement de président, nouvelles inspirations, nouveaux objectifs. Il n'y avait pas d'alternative, il nous fallait rentrer en France, mais la banquise qui nous tenait toujours déciderait de notre départ. Attendre, s'immerger dans cette métamorphose du printemps pour laisser passer le temps sans avoir l'impression de le perdre.

Il faisait particulièrement doux et la neige autour du bateau se transformait en une bouillie lourde et mouillée où nos pieds s'enfonçaient profondément. Nous entrions dans la période critique où les déplacements devenaient hasardeux, la croûte de glace pouvant à tout moment se rompre sous nos pas. La réduction du périmètre de marche autour du bateau révélait certaines impatiences dans l'équipage. Le grand projet était décapité, l'envie de quitter les lieux au plus vite s'infiltrait comme un germe dans la quiétude du bord. Les supputations sur la date de la débâcle commençaient pour certains à tourner à l'obsession. Que faire de ses forces pour anticiper le départ ? Cette question occupait les esprits et les idées jaillissaient à foison. Pelles, pioches, scies à glace, tarière… creuser, trouer, irriguer, découper… Il fallait beaucoup de sueur pour tailler une tranchée dérisoire, mais qui avait l'avantage de drainer les énergies et de calmer les impatiences. Tous les hivernants ont connu la même frénésie ; les équipiers du *Pourquoi pas ?*

de Charcot répandaient les cendres noires du poêle à charbon pour que la surface sombre absorbe les rayons du soleil et ainsi accélère la fonte ! Croire que l'on puisse ouvrir un chenal jusqu'à l'eau libre dans un mètre de glace conduisait à ce gaspillage de forces que certains préféraient à l'inaction.

Il fallait cependant se rendre à l'évidence, seule une grosse houle d'ouest aurait assez de force pour démonter à coups de vagues l'épaisse banquise qui nous enfermait. En attendant, la clémence du temps profitait à la vie : mergules, bernaches, eiders, guillemots, phoques en sieste sur un radeau de glace, tous participaient à cette renaissance dont nous étions témoins. Je m'en voulais de succomber à cette fébrilité contagieuse, aux impératifs organisationnels, à l'insatisfaction d'être encore là, dans cet écrin de calme et de beauté. Qu'avions-nous appris de cette coupure du monde ?

Pour la première fois, les marins s'impatientaient de l'arrivée d'une tempête et épiaient avec envie la moindre chute du baromètre, annonciatrice de la dépression libératrice. Elle finit par arriver. Les isobares très serrées autour du centre dépressionnaire annonçaient quelque chose de costaud. La température se mit à remonter avec l'arrivée des premières masses d'air humide du sud-ouest. En moins d'une heure, le beau temps fut balayé par des rafales qui s'imposaient, de plus en plus violentes. L'anémomètre afficha vite des coups de vent à 55 nœuds. Les vibrations des haubans résonnaient maintenant d'un bourdonnement sourd dans tout le bateau. Dehors, un écran de neige soufflée barrait la vue, mais rien n'aurait pu nous empêcher d'aller voir le travail de la tempête à la passe. Cette fois c'était la bonne, un spectacle impressionnant. Des rouleaux écumants dévalaient du large sous un ciel noir et venaient se fracasser contre le mur de glace. La houle soulevait la banquise qui se fissurait de toute part et volait en éclats. Dans un souffle puissant, l'eau jaillissait entre les plaques démantelées. Sur le front, des blocs de glace turquoise roulaient dans les remous et, emportés par le flux, s'ajoutaient à la force des lames dans ce travail de titan. Toute plaque arrachée était un pas vers la sortie tant attendue. Personne ne parlait, le présent était trop fort. Chacun vivait dans ses tripes le pouvoir de la mer. Derrière les visages graves se cachait une jouissance à ressentir les forces de la Terre, souvent les seules dont on accepte le diktat avec humilité. Dans les tourbillons chargés d'écume, des mouettes peu craintives venaient cueillir du bout du bec quelques victuailles remontées du fond par les flots. Leurs cris stridents perçaient les grondements de tonnerre de ce maelström vertigineux. Témoin de cette fusion des forces et de la grâce, je me laissais porter par l'illusion de revivre la création du monde.

Le lendemain matin, le Soleil brillait dans un ciel apaisé. L'eau libre miroitait à quelques mètres du bateau et des parcelles de banquise, comme les pièces d'un puzzle démonté, se balançaient sur une houle résiduelle. La débâcle avait achevé son travail de sape, l'essentiel était fait ; notre libération était une question de jours. Mais la tempête n'avait pas seulement brisé la glace, elle avait aussi charrié le fond et entraîné vers la surface des nutriments et autres micro-organismes qui étaient passés brutalement de l'obscurité à la lumière. La photosynthèse saisonnière renaissait et une véritable explosion planctonique verdissait l'océan. La table était mise pour le festin estival auquel tout le monde allait prendre part.

Les phoques entraient dans le jeu, sortant leurs billes à la surface, étonnés de voir le bateau, cette carcasse de métal échouée, ronde comme un ventre de baleine bleue. Avec le recul de la banquise, les ours étaient de plus en plus relégués à terre et les phoques pouvaient maintenant jouer tranquillement dans l'eau. Les mouettes tridactyles faisaient des va-et-vient fructueux entre l'eau et la falaise, emportant dans leurs becs des petits poissons à déguster au nid. Les fulmars, en groupe de quatre à cinq, prenaient leur repas sur place, des copépodes et un peu de krills naissants. Nous assistions à la symphonie du réseau trophique.

Le réchauffement de la coque en aluminium faisait insensiblement fondre la glace à son contact et, sans prévenir, la carène se libéra de son étau : le bateau se mit à bouger. Oh, presque rien la première fois, une infime oscillation, mais tout le monde le ressentit comme une inconfortable sensation de vertige. Un cri unanime traversa le bord :

– Il bouge, il bouge !

Chacun se précipita dans le carré pour s'assurer qu'il n'avait pas rêvé.

– J'en suis sûr, ce n'est pas une illusion, il a bougé !

– Tiens, à nouveau, ce n'est quand même pas une hallucination ou alors je perds la boule !

À cet instant, le bateau venait de reprendre son souffle, comme s'il revenait à la vie.

– C'est vraiment fait pour flotter, dit Yann, le capitaine, avec un sourire qui en disait long sur son bonheur retrouvé.

Il retrouvait ses sensations et sa légitimité de marin. Il est vrai que depuis plusieurs mois, nous habitions en plein champ de neige, et nous avions perdu l'habitude de « penser mer ».

Les amarres de la banquise rompues, Éric, le mécanicien, descendit à la salle des machines pour ouvrir tous les circuits d'eau et de gasoil, purgés et fermés au début de l'hivernage. La remise en route prit la journée avec en toile de fond cette question sous-jacente : allait-il repartir ? Yann mit le contact et enclencha le démarreur. Au troisième coup, le moteur pétarada, et un nuage noir sortit du tuyau d'échappement.

Nous allions quitter ce fjord où nous avions vécu durant sept mois une fabuleuse aventure humaine. Au cours de ce long hiver, chacun avait exploré cette partie de soi où l'héroïsme et les stratégies au service de l'orgueil n'ont plus raison d'être. Chacun avait entrouvert la porte de sa face cachée du voyage.

Ci-contre : Avec Éric Tabarly, sur le pont de *Pen Duick VI* pendant la course autour du monde, 1977-1978. (Collection particulière)

Ci-dessous : Sortie en mer avec Haroun Tazieff durant laquelle nous avons parlé de sa vie d'explorateur de volcans en général et de l'Erebus en particulier. (Collection particulière)

Ci-contre et ci-dessous :
Groenland, 1979. J'organisai cette expédition « voile et alpinisme » afin de réunir mes deux passions. Ce fut ma première expérience des hautes latitudes. Et quelle ne fut pas notre émotion lorsque nous vîmes notre premier iceberg (photos ci-dessous).
(Collection particulière)

Expédition Erebus, 1993-1994. La barrière de Ross : 40 mètres de glace au-dessus de l'eau sur plus de 800 kilomètres. (Photographie de Stéphane Compoint)

Hivernage au Spitzberg, 1995-1996. Premier stade de la formation de la banquise (que les Anglo-Saxons nomment « *pancakes* ») en mer du Groenland peu avant notre arrivée dans le Van Mijenfjorden pour l'hivernage. (Photographie de Lars Stemmann)

Spitzberg, mars 1996. Retour du Soleil dans le Van Mijenfjorden après un long hivernage. (Photographie de Francis Latreille)

Ci-contre et ci-dessous :
Dérive arctique avril-juillet 2002.
Polar Observer est une capsule autonome (équipée de panneaux solaires et d'une pile à hydrogène).
Chaque jour je montais dans le mât pour surveiller les mouvements de la banquise, cassures, crêtes de compression, qui pouvaient menacer *Polar Observer*.
(Photographies de Francis Latreille)

Ci-dessus : Clipperton est un atoll fermé de 2 kilomètres sur 3 à l'est du Pacifique Nord. (Collection personnelle)

Ci-contre : Les crabes rouges de Clipperton. Le soir au couchant, ces crabes de terre se nourrissent des algues du lagon. (Photographie de Xavier Desmier)

Ci-dessous : En famille au milieu de la plus importante colonie de fous masqués au monde. (Photographie de Xavier Desmier)

Page de droite : Au début de la traversée de l'océan Arctique en ballon rozière en avril 2010. (Photographie de Francis Latreille)

GENERALI ARCTIC OBSERVER
Génération
responsable
GENERALI

Polar Pod entraîné par le courant circumpolaire dans les Cinquantièmes hurlants. (Dessin de Nicolas Gagnon)

XXVI

Polar Observer, mission banquise

Océan Arctique, avril-juillet 2002

De retour du Spitzberg, je fus acculé par les difficultés financières. J'avais contracté un emprunt pour la construction d'*Antarctica* et la rupture du contrat de mon partenaire m'obligeait à le vendre. La séparation fut difficile, mais une chose me consolait : il était repris par Peter Blake[58], le célèbre et exceptionnel navigateur néo-zélandais. Peter était venu à Camaret-sur-Mer, le port d'attache d'*Antarctica* au bout de la pointe du Finistère, pour en prendre possession. Nous avions passé la soirée à l'hôtel Vauban à discuter de son futur programme. Durant le repas, il me rappela une communication radio que nous avions eue au début de l'année 1994, en plein océan Austral. En rentrant de l'expédition Erebus, alors que nous sortions de la mer de Ross et faisions route vers Hobart, Peter tentait le record du tour du monde, le trophée Jules Verne,

58. Peter Blake a remporté la Whitbread, course autour du monde en équipage, en 1990, le trophée Jules Verne en 1994 et la Coupe de l'America en 1995 et en 2000 comme manager. Il aura une fin tragique, lâchement assassiné à bord du *Seamaster* (ex-*Antarctica*) le 6 décembre 2001 alors qu'il se trouvait en Amazonie.

et voulait savoir à quelle latitude j'avais vu les derniers icebergs en remontant vers le nord, afin de serrer au plus près l'Antarctique pour raccourcir sa route.

Le lendemain, en quittant Camaret, je me suis arrêté un instant pour saluer une dernière fois mon bateau après ces dix années de vie commune. Debout sur le quai, je suis resté un court moment à contempler ce fier navire qui avait inspiré mes rêves d'expédition : « Ne m'oublie pas » sont les derniers mots que je lui ai adressés.

Loin de renoncer à de nouvelles expéditions, j'ai très vite refait vivre le rêve, profondément ancré, d'une dérive arctique. Certes, sans *Antarctica*, ce ne serait plus la réédition de l'aventure de Nansen, mais je décidai de laisser libre cours à une idée qui avait germé durant mon parcours solitaire au pôle Nord en 1986. Anéanti par trop d'efforts, j'avais imaginé revenir un jour me poser sur la banquise, assister au spectacle des forces titanesques de la tectonique des plaques de glace : ses fractures, ses collisions, l'érection des crêtes de compression. M'installer au cœur de ce désert blanc dans le confort d'un cocon équipé de grands hublots, une simple cabine, un refuge flottant. Je revenais à ce qui me passionne dans toute expédition : concevoir, dessiner, construire un nouveau vaisseau. Ce sera le *Polar Observer*.

Mon premier dessin avait la forme d'un œuf, arrondi comme la coque d'*Antarctica*, pour éviter l'écrasement par la banquise. Le fond devait être assez large et lesté pour assurer la flottabilité et la stabilité verticale si je passais à l'eau, un « culbuto » en quelque sorte. Étant seul à bord, les dimensions devaient être à ma taille, modestes, assez haut pour tenir debout et assez large pour dormir sur le plancher. Je confiai l'étude et la construction au Centre Régional d'Innovation et de Transfert de Technologie (CRITT) de l'université Paul Sabatier de Toulouse. Pour faciliter la construction et le transport, l'œuf se transforma en un polyèdre conique à six faces, la forme d'une salière de cantine. Cet engin aux allures de capsule spatiale allait être mon prochain vaisseau polaire. En partant du pôle Nord, le courant transpolaire devrait lentement me conduire vers le nord du Groenland. Posé au cœur des glaces, seul, avec ce qu'il faut de vivres pour une expédition de quatre mois au gré de la dérive, je serais pour un temps la sentinelle de l'océan Arctique, acteur majeur du climat de la planète, si mal connu, car difficile d'accès. Cette expédition prit le nom d'un nouvel engagement : Mission Banquise.

En 2002, comme aujourd'hui d'ailleurs, la diminution annuelle de la surface de la banquise est un indiscutable marqueur de l'accélération du réchauffement qui préoccupe les climatologues. En effet, depuis un demi-siècle, on constate à la fin de l'été que la banquise arctique régresse en moyenne tous les ans de près de 140 000 km^2, libérant ainsi de grandes étendues d'eau libre. Ces surfaces sombres, dénuées du pouvoir réfléchissant de la glace et qu'on appelle l'albédo, absorbent les rayons du Soleil qui réchauffent l'océan. Plus il capte la chaleur, plus il fait fondre la glace et plus il retarde la reprise du gel à l'arrivée de l'hiver. La banquise se reforme toujours pendant la nuit polaire, mais les glaces pérennes, pluriannuelles, disparaissent progressivement, remplacées par la jeune glace de l'année, moins épaisse et qui fondra plus rapidement.

On assiste ainsi à un processus d'emballement et il est probable que, dans quelques décennies, l'océan Arctique soit totalement libre de glace à la fin de l'été.

À terre, les pays de la circonférence polaire subissent le même phénomène. L'augmentation de la température moyenne – jusqu'à 4 °C à certains endroits de Sibérie et d'Alaska – retarde l'apparition de la neige et précipite sa fonte à l'arrivée de l'été. Le sol sans neige perd sa capacité à renvoyer l'énergie solaire. Exposé à de plus longues périodes d'ensoleillement, le pergélisol[59] fond de plus en plus en profondeur. Le dégel de ces tourbières et marécages libère d'importantes quantités de CO_2 et de méthane qui participent à l'accroissement de l'effet de serre. En Arctique, on constate de plus en plus fréquemment des arrivées d'air chaud spectaculaires qui remontent des régions tempérées et équatoriales, voire des épisodes de canicule. Des records de chaleur sont atteints régulièrement. Durant l'été 2020, on a enregistré 21 °C à Alert Base sur la côte de l'océan Arctique, à l'extrême nord du Canada, et un remarquable 38 °C à Verkhoïansk, au nord de la Sibérie, une température supérieure de 17 °C aux normales de saison[60]. L'Arctique dans son ensemble – l'océan et les terres qui l'entourent – est la région du monde la plus affectée par le réchauffement climatique.

59. Le pergélisol, *permafrost* en anglais, est un sol gelé en permanence.

60. Verkhoïansk détient les records de températures extrêmes. La ville est réputée pour être le point le plus froid de l'hémisphère Nord, avec un record à moins 67,8 °C, et à l'opposé, la moyenne des maximales du mois de juillet atteint 23 °C. Il n'est pas rare d'y observer plus de 30 °C, un seuil systématiquement dépassé à plusieurs reprises ces derniers étés.

À l'échelle de la planète, le moteur de la machine climatique est alimenté par les échanges thermiques entre la chaleur des régions tropicales et le froid des pôles. Pour cela la Terre a deux fluides : la circulation atmosphérique, on vient de le voir, et les courants océaniques qui contribuent à la redistribution de la chaleur. Un exemple : dans l'Atlantique Nord, les alizés poussent les eaux chaudes de surface des Canaries vers les îles Caraïbes. De là, elles sont reprises par le courant du Gulf Stream qui remonte le long de la Floride jusqu'au cap Hatteras, puis traverse l'Atlantique en direction de l'Europe. Au milieu de l'océan, une branche ascendante se dirige vers le nord-est, appelée la dérive nord-atlantique. Aujourd'hui davantage d'eaux chaudes remontent vers le nord où on assiste à des changements rapides. Au Groenland, la vie des Inuits, qui était rythmée par une saisonnalité bien établie, est en pleine mutation. Interrogé en juillet 2019, Akappiaq, pêcheur septuagénaire sur la côte sud-ouest du Groenland, raconte : « En hiver la mer gelait et on se déplaçait à chien de traîneau sur une banquise solide pour aller à la chasse au phoque ou rejoindre un village voisin. On attendait la débâcle estivale pour aller à la pêche. Aujourd'hui, l'eau est libre de glace même en hiver et l'on pêche de nouveaux poissons, flétans, morues, maquereaux qui fuient vers le nord les eaux chaudes de l'Atlantique. »

Avec Mission Banquise, je voulais aider à comprendre ce qui se passe sous la banquise, ausculter les courants polaires et la vie dans ces eaux froides. Recouvert de glace une majeure partie de l'année, cet océan polaire n'est pas facile à explorer. Il y avait là une opportunité d'étude pour les scientifiques et le principal travail qui me fut confié était d'identifier, jusqu'à une profondeur de 800 mètres, les masses d'eau qui circulent sous la banquise à cette période du printemps.

Le 10 avril 2002, un Antonov 74 de l'aviation russe nous déposait sur la banquise à 89° Nord. J'ai été accueilli par Christian de Marliave et Bernard Buigues, deux de mes anciens collaborateurs. Tous les ans, ils installent sur la banquise la base temporaire de Barneo pour accueillir scientifiques et randonneurs polaires. Le *Polar Observer* avait été calculé pour que l'ensemble des éléments entrent dans cet avion capable de se poser sur la banquise. La logistique polaire des Russes est impressionnante d'audace et d'efficacité.

Un hangar gonflable avait été installé pour assembler le puzzle à l'abri du vent glacial, il faisait moins 29 °C. Au bout de deux journées de travail soutenu, la « capsule polaire » fut hélitreuillée au pôle Nord géographique. Une équipe technique m'accompagnait pour terminer l'installation et vérifier que tout fonctionnait bien. Je partais au printemps et à ces latitudes-là, comme le Soleil ne se couche jamais, une grande partie de mes besoins en électricité pourraient être couverts par une couronne de dix panneaux photovoltaïques fixés sur la nacelle. Pour les jours de mauvais temps, j'avais une pile à combustible avec un réservoir d'hydrogène à une pression de 300 bars sous le plancher. La pile était un prototype et Frédéric Touvard, ingénieur de la société Axane, m'accompagnait pour la prise en main. Hervé Henry, spécialiste des batteries lithium-ion Saft, était là pour configurer la régulation de la production d'électricité, c'est-à-dire l'équilibrage automatique entre le solaire, la pile à combustible et la charge des batteries.

Pour le chauffage et la cuisine, j'avais opté pour le gaz naturel – du méthane – dans un réservoir en fibre de carbone à 200 bars de pression, installé dans la soute à côté de celui d'hydrogène. Ces deux gaz sont très inflammables et la sécurité était assurée par deux détecteurs, un pour chaque gaz, censés m'alerter en cas de fuite. Serge Nègre, radio amateur « professionnel », était en charge des transmissions pour l'envoi quotidien du journal de bord et des images, matériel avec lequel mon épouse, Elsa, animerait le programme éducatif. Enfin, Denis Conte, que j'avais connu en expédition himalayenne au Broad Peak, était à mes côtés. Homme de terrain et de bon sens, je savais que je pouvais compter sur lui pour prendre les bonnes décisions si la banquise ou les conditions météo venaient à se dégrader.

Le 18 avril 2002, après cinq jours de travail intense durant lesquels tout le monde s'était investi malgré les morsures du froid, le *Polar Observer* et les instruments de mesure étaient installés. Après deux années de préparation, à la recherche de financements, de solutions adaptées à la logistique et à la vie dans ce désert glacial inaccessible, l'expédition pouvait commencer. Les conditions météo étaient favorables et Christian envoya un hélicoptère russe MI8 pour récupérer l'équipe. À ma grande surprise, Geoff Somers, mon compagnon anglais de la traversée du Groenland et de l'Antarctique, était à bord. De passage à Barneo avec quatre clients qu'il avait accompagnés au pôle Nord, il tenait absolument à voir cet engin qui allait braver le chaos des glaces. Il avait assisté à la formation d'une crête de compression qui l'avait fortement impressionné. « Jean-Louis, elle avançait sur nous très vite dans un grondement impressionnant ; nous avons dû rapidement plier le camp avant d'être engloutis par les blocs de glace. Le bruit, Jean-Louis ! Le bruit ! » répétait-il encore tout ébahi. Geoff n'est pas homme à exagérer et je compris qu'il avait assisté à un phénomène très puissant. Je m'y étais préparé, *Polar Observer* avait été conçu à cette fin ; depuis le début j'affichais la même confiance, l'expérience apporterait les réponses.

Je me retrouvais maintenant seul au cœur des titans de glace et je m'y sentais bien. En fait, je n'étais pas tout à fait seul, Lynet m'accompagnait. C'était un chien groenlandais prêté par un couple d'amis qui avaient un élevage au Spitzberg. Depuis qu'il avait quitté sa meute, je lui parlais régulièrement pour qu'il se familiarise à ma présence, mon odeur, le son de ma voix. Les Groenlandais sont des chiens rustiques, encore assez proches du loup arctique, et faciles à domestiquer tant qu'ils ont assez à manger et qu'ils ne sont pas en compétition avec d'autres. Il était là pour me prévenir de la présence d'ours en quête de nourriture. Car ces grands carnivores migrent en solitaires sur de grandes distances à travers l'océan Arctique entre les îles du nord de la Sibérie, le Groenland et l'archipel canadien. J'en avais été le témoin, sans conséquence heureusement, durant ma marche en solitaire au pôle Nord en 1986.

Ce premier soir, je pouvais enfin m'abandonner aux bons vouloirs de la dérive. Seule la banquise allait maintenant décider du voyage. Surprise de la première nuit, allongé sur le plancher, je découvris à quel point le *Polar Observer* était une caisse de résonance, un vrai stéthoscope des mouvements et des tensions de la glace.

Sans la nuit pour cadencer les jours, mon seul repère était la pendule qui allait régler l'ordre des repas, les temps de sommeil et mes sorties de travail. Tout autour du *Polar Observer* étaient installés les équipements et les instruments qui m'avaient été confiés par des organismes de recherche auxquels je devais transmettre les résultats et les prélèvements.

Dès le lendemain, je me mis au travail. À la tronçonneuse, je découpai un carré d'un mètre de côté dans une banquise récente de 50 centimètres d'épaisseur, une ouverture sur l'océan que je recouvris d'isolant, car ça regèle vite. Par ce regard sur les profondeurs, je descendis une sonde CTD[61] accrochée à un fil de pêche de 1 000 mètres enroulé sur le tambour d'un moulinet de pêche au gros. Je descendis et remontai la sonde à la main à la vitesse régulière de 1 m/s. L'exercice prenait une bonne demi-heure, ce qui réchauffait un peu. Je répétais cette mesure tous les deux jours et envoyais les résultats à l'océanographe Jean-Claude Gascard. En sciences de la Terre, la pertinence d'une mesure repose sur la précision, la fréquence et sa durée dans le temps. La sonde enregistrait la température et la salinité, deux paramètres essentiels qui caractérisent la stratification des couches d'eau dans l'océan. Le profil de la courbe qui se dessinerait permettrait de détecter d'éventuelles arrivées d'eau chaudes circulant sous la banquise.

Durant la même manip, avant que l'eau ne regèle, j'immergeais un filet à plancton jusqu'à 200 mètres et je le remontais en le tractant, tel un baudet, sur une poulie accrochée à un trépied à la verticale du trou. J'allais vite au chaud

61. La sonde CTD mesure instantanément la température et la salinité de la couche d'eau qu'elle traverse.

dans la nacelle pour récolter les copépodes accrochés sur les fines mailles du filet. Ces minuscules crustacés de 0,5 millimètre paraissent bien dérisoires, pourtant leur masse constitue le premier maillon du réseau alimentaire océanique. Je les collectais pour Philippe Koubbi, grand spécialiste du plancton. Ces copépodes ont en effet des particularités anatomiques liées à leur répartition géographique : il y a ceux qui viennent du sud, emmenés par un prolongement vers le nord des eaux chaudes du Gulf Stream, et ceux qui vivent dans l'océan Arctique. L'objectif de l'étude était d'estimer s'il pouvait y avoir une corrélation entre la densité des populations observées et le débit du courant chaud qui les amenait jusque-là.

Au fil des jours, une routine s'installa, fragmentée par moments par les assauts de la banquise soumise aux puissantes forces tectoniques emmagasinées dans la glace. Le 14 mai précisément, je m'en souviens, car c'est la date de mon arrivée au pôle Nord en 1986, alors que tout semblait bien calme, une plaque de glace de plusieurs tonnes s'érigea lentement à proximité du *Polar Observer* et se renversa sous mes yeux dans un bruit sourd. À ma grande surprise, sa face océanique était recouverte d'un tapis d'algues vertes. Malgré son épaisseur de plus d'un mètre, la photosynthèse était à l'œuvre à travers la banquise. Le fait que des copépodes, du krill et des morues broutent cette prairie glaciaire sous le plancher de mon « radeau de glace » me réconforta, je me sentais moins seul. J'ai passé du temps à regarder sous le microscope un copépode s'agiter dans une goutte d'eau, observer la transparence de ses organes, le battement de ses antennes graciles et les mouvements de ses membres stupéfiants de précision. Quand la vie est rare, la moindre trace devient magique et l'on se surprend à s'extasier devant une poignée « d'insectes de mer ». Cette minuscule présence de vie était apaisante dans cette aride solitude arctique. Rien n'est minuscule pour qui prend le temps de regarder.

Je suis resté quatre mois sur la glace flottante, entraîné par la dérive sur 480 kilomètres. Le dernier jour, attendant le brise-glace russe qui devait venir à ma rencontre, je profitai du privilège d'être là, assis tranquillement dans le silence d'une banquise fondant sous le Soleil. Un oiseau émergea comme un boomerang, venant d'autres cieux. Il tourna un moment autour du camp comme un marin qui cherche où jeter l'ancre, et se posa sur un bloc de glace à une dizaine de mètres : une mouette ivoire. J'étais aux anges. Par sa seule présence, intense et si proche, cet oiseau d'un blanc immaculé m'invitait dans son monde, le sauvage, « l'hors » humain. Fondu dans la paix primordiale de la nature, je reçus la beauté vierge de l'instant, sans l'altérer par l'ombre portée de mes pensées. Je n'avais plus rien à chercher.

XXVII

Clipperton, histoires naturelles sur un îlot sauvage

Pacifique Nord, décembre 2004-avril 2005

Clipperton, nommée aussi île de la Passion en référence au premier débarquement par une expédition française en 1711, le Vendredi saint, jour de la Passion du Christ. C'est Éric Tabarly qui m'en a révélé l'existence. Nous étions entre Los Angeles et les Marquises à bord de *Pen Duick VI* quand il évoqua cette île où il était passé avec la *Jeanne d'Arc*, le mythique navire-école de la Marine nationale. Sauvage et désert, c'est ce que j'avais retenu de cet atoll perdu en plein Pacifique. Après des années d'expéditions polaires, Clipperton me revenait en mémoire, l'opportunité d'une respiration tropicale en famille. L'occasion de s'installer sur cette île pour accueillir une mission d'inventaire naturaliste. Dès les premières évocations sur le projet, je reçus immédiatement des réactions enthousiastes de la communauté scientifique. J'ouvrais un nouveau chapitre : « Clipperton, l'atoll du bout du monde. »

Quand on arrive du large, deux choses émergent à l'horizon, un rocher et une cocoteraie qui semblent posés sur la surface tellement l'île affleure au ras de l'eau. Le rocher déchiqueté d'une trentaine de mètres est le vestige de l'île volcanique originelle qui s'est lentement enfoncée. Je savais que débarquer notre matériel ne serait pas une mince affaire car cet atoll est fermé, entièrement cerné par un platier corallien, sans aucune passe pour y accéder. Les quelques personnes qui connaissaient cet îlot sauvage du Pacifique avaient chacune une idée sur la façon d'y accéder. « Vous n'y arriverez pas sans hélicoptère, vous devriez construire une jetée de débarquement, le plus simple serait un ponton flottant comme on utilise à Kerguelen. » J'avais opté pour une solution légère : une embarcation gonflable de type semi-rigide avec un fond en dur en cas de collision avec le corail, suffisamment mobile pour se faufiler dans les failles de cette forteresse.

Nous y étions, l'heure de vérité avait sonné. Stan, le commandant du *Rara Avis*[62], me proposa d'investiguer minutieusement une partie de la côte sous le vent de l'atoll, plus propice au débarquement. Mais aucun passage n'y apparut évident. La houle du large s'échouait sans relâche sur le récif, couvrant la mer d'une écume blanche qui masquait les reliefs du platier corallien. Même depuis le haut du grand mât, il était difficile d'entrevoir la moindre faille. Je réalisais l'ampleur du pari que j'avais pris d'asseoir toute l'expédition sur l'incertitude du débarquement. Une inquiétude grandissante commençait à me traverser l'esprit : et si je m'étais trompé, si nous n'arrivions pas à prendre pied sur l'île ? Qu'avais-je donc encore inventé ?

On prit le temps d'un bon repas. Ce déjeuner me ragaillardit et la hardiesse retrouvée devait désormais se lire sur

62. L'un des deux trois-mâts du père Jaouen.

mon visage, laissant croire à ceux qui m'interrogeaient que le « chef » détenait la solution. Je n'avais en fait que la foi en ce projet que je portais depuis presque trois ans, et l'expérience des expéditions difficiles. Ce n'était pas la première fois que les doutes ou l'imminence de l'échec me taraudaient au creux de l'estomac. Mais de toutes les aventures passées, j'avais appris que la persévérance est la seule voie tant que la vie des hommes n'est pas en danger.

Le beau temps était avec nous, il ne fallait pas mollir, d'autant que la marée jouait en notre faveur : elle commençait à descendre, laissant entrevoir la barrière corallienne sous de meilleurs auspices. On mit à l'eau notre embarcation pour explorer au plus près les brisants. Quand un étroit goulet apparut sous nos yeux, Jeannot plongea et, en quelques coups de palmes, fut aspiré dans le courant de la faille. Nous nous inquiétions de sa disparition, mais il réapparut sur l'île, debout, agitant le pouce tendu vers le ciel pour nous signifier qu'on avait trouvé le passage. Hourrah ! J'étais rassuré et tellement heureux. Notre embarcation légère, agile, facile à manœuvrer dans cet étroit passage encombré de « patates » de corail, allait à l'usage se révéler comme étant la mieux adaptée à notre mission pour laquelle les sorties en mer seraient quotidiennes.

On pouvait maintenant débarquer la montagne de matériel empilée sur le pont du *Rara Avis* jusqu'en haut du pavois, tout un bric-à-brac qui donnait à ce voyage des allures d'exode. Ce désordre apparent reflétait une forme de liberté organisée qui me plaisait bien. Par des norias incessantes, on amena à terre une imposante quantité d'équipements de toutes sortes. Restait à débarquer les quatre tonnes de planches et madriers que nous avions embarquées dans le port mexicain de Manzanillo pour la construction du campement. Bernard Garibal, qui avait l'habitude de diriger des chantiers de construction, prit la parole haut et fort comme à son habitude.

– Ho les gars, on va pas s'emmerder à charrier à terre quatre tonnes de bois qui flotte. Il faut le balancer à la mer et la houle fera le boulot jusqu'à la côte ! C'est moi qui l'ai choisi ce bois, je peux vous assurer qu'il flotte. J'avais prévu le coup.

Notre charpentier nous tirait d'affaire. On fit route vers une partie au vent où la forte houle arrive jusqu'à la plage. Très concentré, le capitaine se laissa dériver vers la côte, la main gauche à la barre, la droite sur la poignée des gaz, prêt à faire arrière toute. Quand on fut assez près, Stan proposa de larguer quelques planches avant de tout jeter à la mer, pour s'assurer que le courant ne les emporte pas au loin, ce qui aurait été dramatique. On se mit en attente pour surveiller leur trajectoire et du haut du mât, Bernard nous annonça :

– C'est bon, ils sont arrivés à la côte, on peut y aller.

Tout le monde participa avec beaucoup d'entrain et en une heure le pont était dégagé de tous les bois de construction. Il suffisait maintenant de laisser la mer faire son travail.

Cette longue journée sous le soleil se termina dans l'allégresse collective, nous étions fourbus, vannés. Le stock de bois était réuni à proximité du bosquet de cocotiers, seul point d'ombre sur ce récif corallien, aride et abrasif. Nous pouvions commencer à construire les parties communes : la cuisine, le réfectoire, le château d'eau et les grandes tentes – dortoirs et laboratoire pour les chercheurs. Nous attendions la visite d'une quarantaine de scientifiques qui allaient se relayer toutes les deux semaines pour dresser un inventaire naturaliste de cet atoll français[63] perdu au milieu du Pacifique, à plus de 1 200 kilomètres du Mexique, la terre la plus proche.

Une fois les installations achevées, Bernard et Denis, les deux charpentiers, se tournèrent vers moi : « Alors tu la veux où ta cabane ? » Il y avait quelque chose d'irréaliste et de jouissif à choisir, en toute liberté, l'emplacement et l'architecture de sa maison. Sur cette île déserte, il n'y a ni COS – coefficient d'occupation des sols – ni POS – plan d'occupation des sols –, nous étions comme des gamins à qui on aurait donné la lune. J'avais dessiné une habitation sommaire entre les cocotiers, entièrement ouverte à l'ouest sur l'océan. Jamais je n'aurais imaginé plus bel emplacement pour passer quatre mois en famille. Ici la température ne descend pas au-dessous de 26 °C, il suffit de se protéger du soleil et des pluies torrentielles qui certains jours s'abattent à grand bruit sur les tôles du toit. La notion de confort est finalement très malléable. La frugalité des moyens force toujours l'imagination et l'adaptabilité des hommes d'une manière insoupçonnée. Après deux semaines de chantier, le campement était en place, prêt à accueillir tout le monde.

Aux environs de midi, la voix du large retentit à la VHF.

– Clipperton, Clipperton du *Rara Avis,* est-ce que tu me reçois ?

63. À l'occasion d'un voyage en Chine, le navigateur breton Le Coat de Kerveguen en prit possession au nom de la France, ce qui fut confirmé par un décret impérial en date du 17 novembre 1858 sans qu'aucun État ne vienne contester cette possession à cette époque.

– *Rara Avis* de Clipperton, je te reçois fort et clair, à toi.

– Salut, Jean-Louis, c'est Stan, nous ne sommes plus très loin, à une vingtaine de milles, et avec le petit alizé qui nous pousse, on devrait être là vers 16 heures.

– Salut, Stan, bonjour à tous, bienvenue. Arrivez vite, on vous attend.

La nouvelle électrisa tout le camp.

Le *Rara Avis* mouilla en face de la passe, le débarquement pouvait commencer. Quand le canot s'échoua sur la plage, je pris Elliot dans mes bras ; il avait trois ans, il riait, il pleurait, dépassé par tant d'émotions. Elsa, qui avait sauté à l'eau, avançait avec Ulysse, petit garçon de neuf mois, dans une poche kangourou. Je l'attendais à bras ouverts sur la berge. Ulysse souriant comme à son habitude me tapait de joie sur la tête. On fila sans attendre à la cabane, j'avais hâte de leur faire découvrir notre coin de paradis. Grand moment d'émotion et de récompense, Elsa et moi avions travaillé sans relâche sur ce projet pendant deux ans. De la terrasse, on regardait le soleil se coucher à l'heure où les fous et les frégates rentrent de leur pêche, l'estomac plein de calmars et de poissons volants pour leurs petits affamés.

Tout de suite, Elliot repéra l'animal symbolique de l'île, le crabe de Clipperton.

– Regarde, papa, il y en a partout !

Reconnaissables à leur carapace rouge orangé, ils sont ici des milliers. Ces crabes de terre craignent le soleil ; au plus chaud de la journée, ils se réunissent à l'ombre dans la broussaille des cocotiers effondrés, s'entassent les uns sur les autres sous des anfractuosités du récif ou à l'intérieur de galeries qu'ils creusent dans les sols malléables. Quand le soleil décline en fin d'après-midi, ils sortent en foule sur le platier et se rassemblent par centaines sur les algues en bordure du lagon intérieur. Il suffit de rester debout immobile ou assis tranquillement à l'heure du repas, pour qu'un spécimen s'intéresse à vos orteils. Ils ne sont pas agressifs, ne mordent pas malgré de belles pinces qui ne sont d'ailleurs pas comestibles. Ce sont de remarquables recycleurs omnivores qui mangent tout ce qu'ils trouvent, les cadavres d'oiseaux morts, nos restes de cuisine jusqu'aux déjections humaines. On en a vu s'attaquer aux œufs et aux poussins d'oiseaux qui nichent à même le sol, une prédation cependant marginale dans l'équilibre de cet écosystème insulaire où l'homme a malencontreusement introduit les rats.

Arrivés sur l'île à la suite de l'échouage de deux bateaux de pêche, il y a une vingtaine d'années, ils sont devenus les maîtres des lieux, car le rat, brutalement invasif, n'a pas encore laissé à la nature le temps de désigner son prédateur. Michel Pascal, spécialiste des invasions biologiques, nous accompagnait pour s'attaquer à ce problème. À l'Inra de Rennes, il avait élaboré une méthode d'éradication qu'il avait appliquée avec succès dans 45 îles et îlots de Bretagne, de Méditerranée et des Antilles françaises. Avec son collègue Olivier Lorvelec, ils s'étaient tout de suite mis au boulot, équipant la cocoteraie de 100 postes de piégeage. Dès le lendemain matin, 75 % des pièges étaient occupés par des rats :

– Ce sont des rats noirs, *Rattus ratttus*, et je peux vous confirmer que ces petits muridés sont en bonne santé : une belle livrée gris sombre, uniforme, des poils brillants, des yeux vifs.

L'autopsie pratiquée sur tous les spécimens confirma le diagnostic de Michel Pascal. Pas de parasites, pas de tumeurs, développement satisfaisant des appareils de reproduction chez les adultes : ils étaient en excellente santé. Les nids, pour la plupart des galeries creusées dans les vieux troncs de cocotiers, contenaient des cadavres de petits crabes, de poissons et d'oiseaux. Sur l'île, ces rongeurs opportunistes ne manquent de rien. La dératisation par piégeage fut cependant insuffisante. Nous sommes confrontés, j'en parle au présent, à une population jeune de *Rattus rattus*, active et prospère, de quoi s'inquiéter pour l'avenir de cet écosystème insulaire. Il faut aller vite[64] car Clipperton est un important refuge pour les oiseaux de mer qui viennent s'y reproduire en grand nombre.

L'activité de recherche commençait tôt le matin. Nos deux marins Emmanuelle Périer et Samuel Audrain prenaient la passe en zodiac pour amener chaque plongeur sur son lieu de recherche spécifique : microalgues, zooplancton, punaises de mer, oursins, étoiles de mer, murènes, corail... Également ceux qui recensaient les poissons : requin-tigre, requin-marteau, requin-soyeux, mérou, raie manta, murène, poisson-serpent, poisson-trompette, poisson-cardinal, rascasse, rouget, carangue... Les chercheurs nous révélaient la richesse insoupçonnée des eaux qui entourent ce petit atoll à l'apparence lointaine d'un îlot mort, isolé sur l'immensité de l'océan.

À terre, à la première heure, les ornithologues quittaient le camp pour rejoindre les colonies d'oiseaux. Avec l'arrivée du

64. Les nouvelles de l'île rapportées par les rares visiteurs ne sont pas bonnes : le rat continue de menacer l'évolution de cet écosystème unique, totalement isolé du monde. Devant ce constat, j'ai initié une dératisation radicale qui sera réalisée prochainement par la Ligue de Protection des Oiseaux avec le soutien logistique de la Marine nationale.

printemps, les fous étaient partout. Les fous à pieds rouges dans la cocoteraie où ils couvent sur des nids sommaires, garnis de quelques brindilles, les fous bruns dans le secteur du rocher où ils déposent leurs œufs sur un replat de falaise, les fous masqués qui occupent pratiquement tout le reste de l'atoll. Avec plus de 100 000 oiseaux, c'est la plus importante population au monde, la deuxième étant aux Galápagos avec seulement 10 000 individus. Nous étions en pleine période de reproduction : toutes espèces confondues, il y avait près de 200 000 oiseaux sur l'île. Nous vivons avec eux dans une cohabitation très étroite : on finit par s'habituer à ces concerts permanents de caquètements rauques, nasillards, parfois stridents, sur un bruit de fond de houle du large et le bruissement du vent dans les branches des cocotiers. Un jour, alors que je faisais la sieste, une forte odeur d'ammoniaque me sortit d'un sommeil léger. Une averse venait de s'abattre et des vapeurs de déjections d'oiseaux remontaient du sol chaud gorgé d'humus sur une bonne épaisseur : on se serait cru sur une fosse à purin. Dès que l'alizé reprit ses droits, cette forte odeur d'ammoniaque se dissipa, mais le bombardement de fientes ne cessa pas pour autant. Dans la proximité du camp, nous étions sous des « raids aériens » incessants : chacun recevait en moyenne entre trois et quatre déjections par jour, celles des fous à pieds rouges, de couleur blanche, assez liquides et sans odeur, mais aussi celles des frégates superbes, noires, plus consistantes, qui sentent fortement le poisson après leur parcours intestinal. Le guano, cette production massive de fientes accumulées, avait dans le passé attiré sur l'atoll des aventuriers en quête d'eldorado, car cette substance chimique riche en phosphate et azote était très recherchée comme engrais pour la fertilisation des sols.

Fin décembre et début janvier, on eut la surprise de voir à deux reprises six navires de pêche au mouillage sur la pente externe de l'île : des senneurs immatriculés au Mexique qui pêchent le thon dans la ZEE française, loin de toute surveillance. On avait vu quelques pêcheurs venir sur le récif avec des sacs de jute qu'ils avaient remplis de langoustes, puis qui étaient repartis. Un mois plus tard, en rentrant d'une longue marche d'observation de fous masqués dispersés sur tout l'atoll, l'ornithologue Henri Weimerskirch[65], qui n'était pas d'une nature expansive, me parut inquiet, contrarié.

– Quelque chose ne va pas ?

– On a équipé cinq fous masqués de balises Argos pour suivre leur déplacement, nous avons pu observer leurs allers-retours pendant cinq jours, ils reviennent tous les soirs au nid, mais depuis deux jours, deux ne sont pas revenus. Les jours précédents, ils sont allés chercher la nourriture à 300 kilomètres, ce qui est beaucoup. D'autant que pour ces oiseaux de mer, la pêche représente un effort conséquent. Les balises équipées d'un accéléromètre permettent d'enregistrer les plongeons : on voit sur le tracé que les fous masqués plongent jusqu'à neuf mètres, 30 à 50 fois par jour, c'est une énorme dépense énergétique, et en plus ils reviennent le ventre plein. Dans les régurgitations qu'ils offrent aux petits, on trouve

65. Deux équipes d'ornithologues se sont succédé pendant trois mois pour étudier la population de fous masqués : au mois de janvier, Henri Weimerskirch du Centre d'études biologiques de Chizé (CNRS) et Mathieu Le Corre, du Laboratoire d'écologie marine à l'Université de la Réunion, puis en mars, Charles-André Bost, lui aussi du Centre d'études biologiques de Chizé (CNRS), et deux Américains, Lisa Ballance et Robert Pitman de la NOAA de San Diego, Californie.

essentiellement des exocets (des poissons volants), des calmars et des petits thons – un jour nous en avons mesuré un de quarante centimètres de long ; c'était la seule prise de l'oiseau, mais il fallait quand même l'avaler et le transporter à terre !

Henri et Matthieu voyaient avec inquiétude de nombreux poussins perdre du poids : ils commençaient à souffrir d'un manque de nourriture. Leurs parents allant la chercher de plus en plus loin, ils s'absentaient pendant près de trois jours. Après chaque grain, on trouvait de nombreux oisillons sans défense, dénutris, tremblotant pour lutter contre le froid ; ils étaient vulnérables car la pluie leur collait le duvet à la peau. Certains ne résistaient pas. La cause : l'allongement de la distance à parcourir pour les parents, qui était sans aucun doute à mettre sur le compte de la pêche intensive des douze senneurs aperçus il y a un mois.

La ration quotidienne délivrée à un poussin était estimée à 300 grammes par jour. Si on ajoute la part alimentaire des deux parents et des jeunes immatures qui vont aussi se nourrir en mer, l'ensemble des fous masqués prélèvent tous les jours 30 tonnes de poissons volants et de calmars dans les eaux de Clipperton, ce qui est considérable. Une chose m'échappait dans la corrélation entre la surpêche et la sous-nutrition de ces oiseaux de mer. En effet, les thons et les fous masqués mangent essentiellement la même nourriture, des calmars et des exocets ; alors comment se faisait-il que les fous ne trouvent plus assez de nourriture après une campagne de pêche qui a réduit considérablement le nombre de thons, leur principal compétiteur. En fait, les poissons volants et les calmars fuient vers la surface pour échapper aux bancs de thons qui les chassent en meute, et c'est dans les dix premiers mètres d'eau qu'ils deviennent faciles à saisir pour les fous. Les fous dépendent donc des thons pour accéder à leur nourriture : moins de thons, moins d'exocets et de calmars accessibles, d'où la sous-alimentation des fous.

Un autre oiseau était lui aussi mis en difficulté par la surpêche des thons. La frégate superbe, sorte d'albatros des tropiques magnifique qui chasse au ras de l'eau. Elle ne peut pas plonger car son plumage n'est pas étanche et ses pattes, trop courtes et non palmées, ne lui permettent pas de décoller si elle venait à se poser sur l'eau. Elle saisit sa pêche au vol et dépend elle aussi des bancs de thons pour se nourrir. Et lorsqu'elle ne trouve plus de nourriture à la surface, la frégate pratique le kleptoparasitisme ; elle harasse en vol les fous revenant du large l'estomac plein jusqu'à ce qu'ils régurgitent le contenu de leur pêche.

Aujourd'hui encore, l'ensemble des populations de l'île payent fort les pratiques irraisonnées de ces armadas de navires équipées sans limites : un hélicoptère par bateau pour repérer les bancs, des bateaux rapides pour les précipiter dans les filets, et des radeaux dérivants autour desquels les poissons se regroupent, provoquant des concentrations artificielles de poissons. La zone est périodiquement surpêchée. En 2016, la France a créé une aire marine protégée (AMP) autour de l'atoll, une première couronne de douze milles dans les eaux territoriales françaises où la pêche est interdite, où la nature pourrait reprendre ses droits. Mais Clipperton, très isolé sur l'océan, paraît bien fragile face à ces compagnies de pêche appartenant à des groupes puissants. Comment ramener tout ce monde à la raison ? Notre avenir tient dans notre sagesse à réintégrer la biocénose, cette association harmonieuse entre toutes les espèces vivantes.

À la visite de repérage que j'avais faite deux années auparavant à bord du *Prairial* de la Marine nationale, ce qui m'avait le plus frappé en débarquant était la quantité de toutes sortes d'objets flottants échoués sur l'île : des récipients en matière plastique, des filets de pêche, des centaines d'objets de toutes sortes, des morceaux de cordage, des tongs... Et Clipperton n'est qu'une minuscule tête d'épingle sur le Pacifique, révélateur de l'abondance de saletés que nous rejetons à la mer, témoin de notre irrespect. Afin d'estimer la quantité de matières que charrie l'océan, nous avions mis en place un protocole d'évaluation très simple. Tous les matins, Gérard Guérin partait avec une remorque pour ramasser méthodiquement tous ces détritus. L'idée étant de nettoyer la plage au vent et de revenir périodiquement pour mesurer la recolonisation par les déchets. En quatre mois, Gérard en a ramassé cinq tonnes, mis en sac et ramenés au recyclage à terre. Mais la situation est plus grave encore en mer où ces matières se délitent en microplastiques, petits radeaux microscopiques sur lesquels se fixent le phytoplacton et bien d'autres molécules toxiques — polluants organiques, métaux lourds —, qui entrent ainsi dans le réseau alimentaire, infestant toute la faune marine jusqu'aux consommateurs que nous sommes.

À la fin de notre expédition, nous avions quand même quelques bonnes raisons de nous réjouir. D'abord la découverte fascinante d'Ivan Ineich, herpétologue au Muséum national d'histoire naturelle de Paris, qui était venu étudier un petit lézard noir endémique. Une espèce qui s'est adaptée pour vivre sur le calcaire aride du platier corallien alors que ses ancêtres vivent toujours en Asie à l'ombre des cocotiers. Il fait partie de ces espèces parties de Malaisie ou d'Indonésie, où la biodiversité est très riche qui, sur des milliers d'années, se sont dispersées vers l'est du Pacifique. Elles ont fait le voyage en passagers clandestins sur des arbres et des buissons arrachés à la terre après un ouragan ou une tempête. Quand les radeaux se sont échoués, les rescapés, animaux et végétaux ont trouvé un nouveau gîte. La colonisation du Pacifique s'est ainsi faite, d'ouest en est, d'île en île, à l'occasion de grands événements climatiques. Quand les lézards noirs sont arrivés sur Clipperton, il n'y avait aucun cocotier[66], pas la moindre trace d'ombre pour s'abriter, aucun des petits crustacés ni des plantes dont ils avaient l'habitude de se nourrir. Quelques couples réussirent à survivre à l'ombre des anfractuosités du platier corallien. À force de sortir au soleil, leur peau s'est noircie de pigments de mélanine, tant et si bien que ce caractère s'imprima dans les gènes et se transmit à la descendance pour créer une espèce unique, endémique, le lézard de Clipperton, *Emoia cyanura,* qu'on ne recense que sur cet atoll. Mais de quoi vit-il ? s'est interrogé notre herpétologue. En disséquant l'estomac du premier, Ivan fit une découverte à laquelle il ne

66. Le cocotier est un palmier importé par l'homme. Alain Couté, professeur au Muséum, a dénombré 581 adultes vivants et 3 083 juvéniles dont les chances de développement dépendent de l'appétit des crabes qui mangent les jeunes pousses, des oiseaux qui couvrent les feuilles de fientes jusqu'à arrêter la photosynthèse, des cyclones qui font passer l'eau de mer sur le platier et qui les arrache. C'est une population en fluctuation permanente.

s'attendait pas du tout : ce lézard est un vampire qui mange des tiques gorgées de sang. Des tiques qui se nourrissent sur la peau des oiseaux dont ils se détachent quand ils sont rassasiés. Quelques semaines après son retour au Muséum, Yvan nous adressa un e-mail : « Il semble bien que ce type d'alimentation ne soit pas connu chez les reptiles, c'est une découverte. Un bel exemple aussi d'adaptation d'une espèce à la pauvreté de l'alimentation sur cet atoll isolé. »

L'autre bonne nouvelle fut le constat encourageant de Mehdi Adjeroud, spécialiste du corail à l'IRD : « Certes la diversité corallienne est faible, comme pour toutes les espèces sur l'île, nous avons dénombré 12 variétés de corail, alors que plus à l'ouest il y en a 350 en Polynésie et plus de 500 sur la Grande Barrière en Australie ! Mais tout autour de l'atoll, la répartition du corail est homogène, avec un fort taux de recouvrement, il est en bonne santé. »

Quatre mois sur cette île déserte avaient transformé cet isolement en éternité. Mais le temps arriva où il fallut partir. Le dernier soir, on alluma un grand feu avec les choses qui ne repartiraient pas, une sorte de feu de la Saint-Jean. Samuel donnait le ton à l'accordéon et tout le monde chantait. Ulysse, qui avait appris à marcher, frappait dans ses mains en regardant les flammes. Elliot passait sur les genoux des uns et des autres ; c'était plaisant de voir qu'après quatre mois de vie en communauté, ce petit garçon de trois ans était déjà sociable et autonome. Elsa était de l'autre côté du feu et quand nos regards se sont croisés, je suis allé la serrer dans mes bras. La même phrase nous est venue spontanément : « On l'a fait. » Nous avions été complices et connaissions les difficultés surmontées pour que cette expédition existe et qu'elle se déroule dans la plus grande facilité apparente.

En côtoyant au quotidien cette communauté scientifique où les échanges circulaient, on apprenait l'Histoire naturelle dans la grande tradition naturaliste, où les sciences de la Vie et de la Terre sont abordées conjointement. Le croisement de leurs observations nous éclairait sur la pertinence d'une approche omnisciente de la nature, la nécessité d'enquêter sur les métissages de la Société naturelle afin d'aider l'homme à mieux la connaître et en maîtriser ses usages[67]. Non, la nature n'est pas le décor de l'existence où se joue la comédie humaine. La nature est la plus grande mutuelle du monde où toutes les espèces ont la vie en commun.

67. Les recherches de cette expédition ont été publiées. Loïc Charpy coordinateur. *Clipperton, environ-nement et biodiversité d'un microcosme océanique*. Publications scientifiques du Muséum national d'histoire naturelle, Paris ; IRD Éditions, Marseille, 2009.

XXVIII

Première traversée de l'océan Arctique en ballon

Océan Arctique, avril 2010

Au retour de la Mission Banquise en 2002, je ne cessai d'alerter sur la fonte de la glace de mer et l'avenir préoccupant de cet océan Arctique qui a pris une place importante dans le déroulement de ma vie. Les images que nous recevions des satellites montraient déjà une croissante diminution de la surface de la banquise à la fin de l'été. Qu'en était-il de son épaisseur ? Depuis ma marche en solitaire au pôle Nord en 1986, j'étais revenu à plusieurs reprises sur l'océan Arctique et la diminution de la hauteur des crêtes de compression était manifeste, preuve de l'amincissement de la banquise. Mais aucune mesure d'épaisseur n'avait encore été effectuée à l'échelle de l'océan[68].

Quel moyen permettrait d'explorer cette immense surface impraticable, tant la banquise est chaotique ? J'avais eu connaissance par Hervé Le Goff, ingénieur au laboratoire

68. Le satellite Cryosat et son radar altimétrique Siral qui mesure l'évolution de l'épaisseur de la banquise ne sera opérationnel qu'en 2010.

LOCEAN, d'un appareil de mesure d'épaisseur de la glace, l'EM Bird, mis au point par Christian Haas de l'Alfred Wegener Institut (AWI), l'institut polaire allemand. Accroché sous un hélicoptère, il enregistre instantanément l'épaisseur de la banquise quand on le déplace à 20 mètres de hauteur. Le problème est que l'hélicoptère a un rayon d'action limité. J'imaginais alors qu'il serait possible de traverser l'océan Arctique en dirigeable, du Spitzberg en Alaska, à l'image de l'expédition d'Amundsen et Nobile à bord du *Norge* en 1926. Christian Haas trouva l'idée magnifique et me confirma l'intérêt de l'AWI pour une telle mission.

En juin 2005, de retour de Clipperton, je commençai mon approche du milieu très restreint du dirigeable. Chez Zeppelin en Allemagne, on n'était pas chaud pour entreprendre un tel voyage. Aux États-Unis, George Spirou, patron de Skyship, semblait plus intrépide, mais il m'invita à le contacter quand j'aurais trouvé une compagnie qui veuille bien assurer un dirigeable au pôle Nord. Par ailleurs, ses appareils certifiés ne pouvaient recevoir le moindre aménagement qui ne soit agréé par l'aviation civile américaine. À ce train, nous serions prêts dans un siècle et à quel prix ? Je me confrontais une nouvelle fois à des complexités réglementaires décourageantes. Mais la vie offre des surprises et des solutions pour qui avance sur son chemin. Au cours d'un vol de démonstration d'un Zeppelin à Paris, je fis la connaissance de Dominique Manière, pilote français très expérimenté, une référence dans le milieu. Il était intéressé par cette aventure et me proposa ses services en tant que consultant. « Tu devrais contacter les Russes, ce sont à mon avis les seuls capables de se lancer dans un projet aussi audacieux. Ils construisent actuellement un nouvel appareil, un Au30 qui pourrait convenir. »

L'Au30 était dans les cartons de la prestigieuse Académie Aéronautique de Moscou – la Mecque du génie aéronautique russe où avaient été formés les ingénieurs des Sukoï, Antonov, Iliouchine et autre Tupolev ! Au téléphone, je tombai sur Michael Talechnikov, le directeur commercial de Ros Aero System (RAS) qui se montra très enthousiaste et rassurant sur les capacités de l'appareil à voler en Arctique.

« Le premier est actuellement en construction, il est destiné à la surveillance des lignes à haute tension en Sibérie. Nous pouvons sans problème avoir un dirigeable prêt pour l'océan Arctique en mars 2007. On vous fera les aménagements spécifiques, une isolation spéciale, et vous bénéficierez de l'expérience du n° 1 qui est en fin de construction. Il devrait voler au début de l'année prochaine, venez nous voir. » En juin 2006, j'assistai au vol du n° 1 à Kirjatch, à deux heures de route de Moscou. En passant la porte de l'immense hangar, je découvris un magnifique aéronef tout blanc, un choc à la fois esthétique et technologique. C'était exactement le bel oiseau rare que j'avais imaginé pour cette envolée au-dessus du pôle.

Après de nombreux voyages entre Moscou et Paris et d'interminables discussions de juristes, on finit par signer le contrat. Nous n'étions pas pour autant sortis d'affaire ; les travaux de mon n° 2 n'avançaient pas, malgré un premier versement important. J'avais toujours droit à la même explication : tout est chez les sous-traitants. Il fallait se rendre à l'évidence, vu la lenteur de la construction, la mission devait être reportée d'un an, en avril 2008. Je tenais à ce que le vol en direction du pôle Nord parte de Paris. Mais le survol de Moscou jusqu'en France par un dirigeable russe « expérimental » soulevait des problèmes administratifs et douaniers inextricables. Je décidai de transporter la nacelle et le ballon séparément et d'assembler l'engin en France. Le directeur général de l'aéroport de Marseille Provence mit le hangar Boussiron à notre disposition avec une voûte centrale de 19 mètres, suffisamment haute pour entrer notre dirigeable. J'explosai le budget mais j'affrétai un Iliouchine 76 afin de rapatrier le matériel à Marseille et fis venir une vingtaine de Russes qualifiés. Pendant trois semaines, la lumière est restée allumée tard le soir dans le hangar et le 12 octobre 2007, l'Au30 fut baptisé *Total Pole Airship* à la date prévue : on pouvait maintenant se consacrer à l'expédition.

Le premier vol d'essai fut réalisé sous l'autorité du pilote russe puis Dominique Manière prit les commandes. J'attendais son verdict avec impatience. « C'est un bon appareil, facile à piloter, très réactif, il devrait convenir pour l'expédition. » Venant d'un homme de son expérience, c'était un énorme soulagement après deux années de galère ! Et il ajouta :

– Maintenant, il faut voler le plus souvent possible pour former des équipages.

Parmi tous les pilotes de dirigeable que j'avais contactés en Europe et aux États-Unis, aucun n'avait un réel appétit pour le pôle. Ils étaient habitués à voler sur des circuits touristiques ou pour des opérations publicitaires. Il fallait trouver des pilotes qui avaient envie de cette aventure. Pour cela, on créa la première école de pilotes de dirigeable avec deux instructeurs expérimentés : Dominique Manière de chez Zeppelin et l'américain Corky Belanger de Skyship. Cinq élèves, avec un minimum de 10 000 heures de vol chacun, avaient fait le choix de s'investir dans l'expédition : Alain Dreyer, deux commandants d'Air France, Pierre Lamazou et André Bouyssière, par ailleurs guide de montagne, et deux pilotes d'hélicoptère, Alain et Stéphane Luchini père et fils. Stéphane dit Lulu était le plus jeune (30 ans), formé à l'armée et passionné depuis l'enfance par tout ce qui vole. Lulu connaissait bien l'appareil pour s'être impliqué sans compter depuis la construction à Moscou. Il allait se révéler un excellent pilote et un homme d'initiatives.

On installa notre base d'entraînement sur le terrain de Fayence dans le Var. Les deux instructeurs se relayaient pour former les pilotes. Comme un bateau au mouillage, un dirigeable ne peut rester sans surveillance et les équipiers prenaient leurs quarts de veille pour assurer la sécurité de l'engin. Les Luchini père et fils, qui avaient tous les deux une solide expérience d'hélitreuillage, commençaient à voler avec l'EM Bird, l'instrument de mesure d'épaisseur de la banquise, accroché à 20 mètres sous la nacelle. Tout se présentait bien. Il restait encore deux mois pour parachever la préparation.

Le 22 janvier 2008 à 6 h 45 du matin, je fus réveillé par un coup de téléphone :

– Allô, Jean-Louis, c'est Ghislain, le dirigeable est détruit.

Il me fallut trois secondes pour réaliser que je ne rêvais pas. Que s'était-il passé ?

Vers 6 heures du matin, la température au sol s'était rapidement élevée de 13 °C en 20 minutes et le vent était monté très vite. L'équipe de quart avait aussitôt appelé tout le monde en renfort. Dix minutes après, dans un vent à plus de 100 km/h (confirmation Météo France), l'aéronef fou se dressait à la verticale du mât et retombait violemment sur le sol. Impossible de s'en approcher. La force du vent ne cessait de croître – une rafale fut enregistrée à 172 km/h. La couronne de l'ancrage au sol s'arracha et le dirigeable partit en traînant le mât et les amarres pendues au bout du nez. La nacelle heurta un hangar et l'enveloppe se déchira sur le toit d'une maison.

J'arrivai en fin de matinée à Fayence. Des avions de l'aéroclub étaient à l'envers sur les ailes. Dominique Manière et Corky vinrent vers moi pour me réconforter. Ils insistèrent : face à la brutalité du phénomène, on n'avait rien pu faire, aucun appareil n'aurait pu résister. Un travail de titan détruit en vingt minutes par une mauvaise conjoncture météorologique. Par nature, je me suis toujours remis à l'ouvrage tant que j'ai pensé qu'il y avait une issue. Maintenant il fallait retrouver une nouvelle ligne d'horizon face à cet abîme de déception.

Quelque temps après, je racontais ma mésaventure à Bertrand Piccard qui avait réussi le tour du monde en ballon rozière avec Brian Jones. « Jean-Louis, pourquoi ne ferais-tu pas la traversée de l'océan Arctique en ballon ? Tu devrais interroger Luc Trullemans qui nous a fait le routage, il est très bon, il pourrait t'indiquer s'il y a des vents favorables et à quelle période. »

Deux semaines après, j'étais dans le bureau de Luc Trullemans à l'Institut météorologique de Bruxelles. Il avait travaillé le sujet :

– En avril, je peux assurer une prévision jusqu'au pôle Nord, mais au-delà, je n'ai pas de visibilité, je ne peux pas vous garantir qu'on trouvera les vents jusqu'en Alaska. Il faut vous attendre à toutes sortes de trajectoires, car il peut y avoir des changements rapides. Mais c'est possible, il y a des fenêtres météo favorables comme vous pouvez voir sur ces cartes.

Je rentrai à Paris heureux. Cette expédition n'était pas adaptée au projet de mesurer l'épaisseur de la banquise, mais elle se présentait comme une belle perspective après l'échec du dirigeable. Je partais à la découverte d'un monde nouveau, toute ma culture était à faire.

Ce vol de longue durée, d'un bord à l'autre de l'océan Arctique, se ferait en rozière, un ballon hybride qui conjugue la portance d'un ballon à l'hélium, qui emporte la charge, et le chauffage de ce gaz pour maintenir l'altitude. Je pris très vite la décision d'y aller seul, la priorité était d'apprendre à piloter. À cause de la rareté et du coût de l'hélium, il n'existe pas de formation au pilotage de la rozière. On doit s'entraîner sur les classiques montgolfières à air chaud et avoir l'expérience d'un vol de longue durée sur un ballon à hydrogène.

Il me fallait un instructeur. Philippe Hamain, aérostier professionnel, m'écouta avec attention avant de me répondre :

– Je ne connais rien aux pôles et je ne vous serai d'aucune aide dans ce domaine. Cependant, je comprends que c'est une expédition très engagée et il faudra une bonne formation. J'ai une seule question : combien de week-ends par mois pouvez-vous y consacrer ?

– Aucun. En revanche, tous les jours de la semaine dès que la météo sera favorable. Je souhaite faire une formation intensive, je m'y consacrerai entièrement, excepté le week-end que je réserve à la famille.

Dans ces conditions, Philippe accepta de me prendre comme élève. Apprendre à voler en Picardie en hiver était une école exigeante, souvent dans le froid et la brume, cinq heures de route pour deux heures dans les airs ! Après 10 heures de vol aux commandes, un jour de beau temps par vent calme, Philippe me demanda de me poser le long d'un chemin ; arrivé au sol, il sauta prestement de la nacelle : « Fais ce que tu veux maintenant, tu as encore du gaz pour deux heures de vol. » Je me trouvais subitement seul à bord. Dès que je pris un peu d'altitude, je ressentis très fort le plaisir d'être suspendu dans le silence : j'étais lâché !

Restait encore à construire le ballon. J'allai à Bristol rencontrer Don Cameron, la référence mondiale des concepteurs et constructeurs de toutes sortes de ballons. Il fut tout de suite séduit par le projet et, dès notre premièr entretien, dessina sur-le-champ la forme de la rozière qu'il imaginait. Le 14 avril 2009, j'obtins la licence de « Pilote de ballon libre ». Un pas était franchi. Je confiai la construction de la nacelle à Gérard Guérin, sachant qu'elle serait parfaite. Car Gérard a de l'or dans ses mains, il travaille tous les matériaux avec la même dextérité, il a un sens inné de la bonne construction et apporte toujours des améliorations dans la réflexion technique. Je n'avais pas encore trouvé de partenaire financier mais je savais de ma longue expérience que si on fait une part du chemin, la vie fait le reste pour soi. Cela se vérifia une nouvelle fois : la compagnie d'assurances Generali confirma son engagement. Je passai sur le champ commande du ballon, des brûleurs et des bouteilles de gaz chez Cameron en Angleterre. Pendant ce temps, je ne cessais de voler en montgolfière pour accumuler de l'expérience. Et pour parachever ma formation, je fis un vol en ballon à hydrogène avec Wilhelm Eimers, un pilote allemand très expérimenté. Un vol de 18 heures de Düsseldorf jusqu'en Pologne au-dessus des montagnes enneigées et des lacs gelés, il faisait très froid, une bonne préparation pour l'Arctique. En bon pédagogue, Wilhelm m'apprit l'essentiel du pilotage au gaz. Je me sentais prêt pour le vol au pôle Nord.

Début avril 2010, je partais au Spitzberg avec mon équipe. Le matériel était stocké dans deux conteneurs envoyés à Longyearbyen au mois d'octobre par bateau. À l'hôtel, par le plus pur des hasards, je me suis retrouvé dans une chambre décorée des photos sépia de l'expédition polaire du Suédois Salomon August Andrée qui, en 1897, tenta le premier d'atteindre le pôle Nord avec un ballon gonflé à l'hydrogène, le plus incertain des voyages de la conquête polaire[69]. Le 6 avril 2010, vers 4 heures du matin, le téléphone sonna : « Jean-Louis, c'est Lulu. Il faut y aller assez vite, car le ballon est gonflé et il y a du vent ! » Un coup de massue dans un sommeil profond. Je mis quelques secondes à réaliser que c'était imminent, indiscutable, la sortie du cocon exaltant du rêve ; le temps d'affronter la réalité venait de sonner. Elsa confia les enfants endormis et vint avec moi sur le pas d'envol. Il y avait beaucoup de monde autour du ballon. Pierrick était aux commandes : « Remplissage terminé ! » Il vint vers moi et me glissa à l'oreille, dans un pur accent vaudois :

69. Les corps d'Andrée et de ses compagnons furent retrouvés trente-trois ans plus tard par des chasseurs de phoques, sur l'île déserte de Kvitøya (île Blanche). Les livres de bord et des plaques photographiques bien conservés permirent de retracer leur voyage, une histoire fascinante.

« Faut pas traîner Jean-Louis, le vent monte. » Je pris Elsa un moment dans mes bras, et sautai dans la nacelle. Seul aux commandes, je fis la *check-list*. La nacelle, secouée dans tous les sens, cognait très fort sur le sol. « Il faut y aller maintenant ! » Elsa me regardait, le visage inquiet. Je lui fis signe le pouce levé que tout irait bien. Avec un cutter, Pierrick coupa une première amarre, puis la deuxième et, en approchant la lame de la dernière, m'interrogea du regard. Je hochai la tête pour signifier qu'il pouvait y aller. « Attention ! Décollage ! » Je me sentis soudain propulsé dans les airs au milieu des hourras de la foule. Très vite, les personnes qui m'entouraient devinrent des points minuscules sur la neige et le silence m'engloutit. Je me trouvais maintenant seul face au défi que je m'étais inventé.

Je montai très vite à 2 200 mètres et l'océan Arctique s'ouvrit devant moi, magnifique. Suspendu sous le ballon, je survolais enfin la banquise. C'était grandiose. La machine que je découvrais pour la première fois répondait parfaitement à mes sollicitations. Je ressentis avec apaisement un sentiment d'appartenance à ce monde des airs qui jusqu'alors n'était qu'un rêve. Quelle récompense après ces années d'échecs et d'acharnement.

Mais rien ne se passa comme prévu ; un enchaînement de mésaventures fit de ce vol au-dessus du pôle, la plus éprouvante et dangereuse de mes expéditions. Le ciel fut vite couvert et à l'ombre des nuages ou dans la brume les panneaux solaires couverts de givre devinrent inefficaces, la production d'électricité chuta, un incendie sur un brûleur mit le feu à l'intérieur de la nacelle, une tempête à vent à 90 km/h m'imposa 15 heures de concentration maximale à 300 mètres d'altitude ; en panne de pilote automatique je devais commander le brûleur à la main pour maintenir l'altitude, privé de sommeil, des hallucinations visuelles et auditives perturbaient mon niveau de conscience. J'étais en pleine mer, mais j'étais surtout en l'air. Sur l'océan, on peut toujours mettre à la cape et attendre le retour au calme, en l'air c'est sans répit sous peine de s'écraser au sol.

Après le passage du pôle Nord, l'Alaska s'éloignait de ma trajectoire. Le routeur me demanda d'explorer une veine de vent possible à 6 000 mètres. Il faisait moins 28 °C, j'étais au soleil et je me suis mis sous oxygène. De mon orbite polaire, je jouissais du spectacle qui défilait lentement dans le plus grand silence. La solitude décuplait ma perception de la puissance des lieux. Je me rapprochais inéluctablement de la Russie. Le 9 avril, vers 9 heures, heure de Sibérie orientale, je devinais sur la blancheur immaculée du paysage un bourrelet d'épaisseur qui semblait définir les contours d'une île plate : c'était la première terre, l'île de Nouvelle-Sibérie dont je devinais le trait de côte. Je savais que le vent me poussait en zone interdite. Sur le canal 16 de ma radio VHF, la fréquence internationale de détresse et d'appel en urgence, je reçus un message en russe auquel je ne comprenais rien. L'homme criait de plus en plus fort et à l'intonation je compris qu'il s'agissait d'un avertissement. Un autre me demanda en anglais où je prévoyais d'atterrir ? « *I don't know* », ce qui attira la suspicion. Comment un pilote peut-il répondre qu'il ne sait pas où il va atterrir ? En ballon, c'est le vent qui impose sa trajectoire et on atterrit où c'est possible. Depuis la fin de la Guerre froide, ces îles et toute la côte sibérienne sont toujours très surveillées, considérées par les militaires comme les avant-postes permettant la détection des missiles que les Américains pourraient envoyer sur l'ex-Union soviétique. Mon incursion dans cet espace sous haute surveillance pouvait être dangereuse. Elsa, qui suivait l'affaire en temps réel, informa l'ambassade de France à Moscou qui fit le nécessaire pour que des mesures de conservation soient prises. On me demanda d'atterrir au plus près de Batagaï en Iakoutie, pour entrer dans la zone d'autonomie de l'hélicoptère. Je survolais maintenant la terre et mon insouciance dépassait toutes leurs préoccupations. Je restais dehors, suspendu dans le silence au-dessus d'immenses plaines où se prélassaient les méandres de rivières gelées, certainement des affluents de la Léna. Je laissais aller mon esprit lessivé par tant de fatigue. J'avais l'impression vertigineuse d'arriver sur une autre planète, d'assister à la naissance d'un monde imaginaire. En fin de journée, la montagne que je devais franchir disparut dans les nuages. Je n'avais plus aucune raison de m'imposer ce risque et décidai qu'il était temps d'atterrir.

L'équipe vint me chercher le lendemain. En se posant, l'hélicoptère russe MI8 disparut dans une tornade de neige. Elsa sortit en premier. Nous sommes tombés dans les bras l'un de l'autre. Derrière son regard rougi par l'émotion, je compris qu'elle avait souffert, qu'elle avait eu peur pendant les cinq jours de la traversée. Connaissant sa nature et son engagement sans faille à mes côtés, je savais qu'elle avait pris part à toutes les décisions, qu'elle avait suivi en première ligne les heures dangereuses de la tempête, qu'elle avait défendu ma folie, en toute confiance, contre les appels à la prudence des experts. Elle avait beaucoup de choses à me dire… mais dans l'instant, l'essentiel était là : le contrat était rempli et j'en sortais debout !

On m'amena à Batagaï, puis par avion à Iakoutsk : c'est gigantesque la Sibérie. À ma grande surprise le FSB m'attendait au pied de la passerelle. Le CEA-Leti[70] de Grenoble m'avait confié l'expérimentation d'un magnétomètre de haute sensibilité pour mesurer le champ magnétique, si performant qu'au cours des vols à basse altitude j'aurais pu, semble-t-il, détecter le passage d'une masse métallique sous la banquise, autrement dit un sous-marin, le plus secret armement des États. Après trois journées d'intenses interrogatoires, assez déroutants par moments, jusqu'à semer le doute dans vos certitudes, j'étais enfin libéré du soupçon d'espionnage.

L'information majeure que je ramenais de cette traversée de l'océan Arctique est l'inquiétante surface d'eau libre que j'avais survolée pendant la première partie du vol, et c'était au début du mois d'avril, à la fin de l'hiver, où les températures sont encore normalement très basses. Un symptôme des plus alarmants de cette fièvre chronique de la Terre qu'on ne maîtrise plus.

Libéré du rêve accompli de traverser le pôle Nord en ballon, je pouvais désormais me lancer dans l'exploration de l'océan Austral, l'immense océan polaire de l'hémisphère sud, un acteur majeur de la régulation du climat de la Terre encore méconnu.

70. Le laboratoire d'électronique et de technologie de l'information du CEA est l'un des principaux centres de recherche appliquée en microélectronique et nanotechnologies dans le monde.

XXIX

L'OCÉAN, LE GRAND RÉGULATEUR DU CLIMAT MONDIAL

Jusqu'au milieu du XXe siècle, on imaginait avec un certain aveuglement que ce qui sortait des cheminées de nos usines et de nos maisons ou des tuyaux d'échappement de nos voitures partait dans le cosmos. Eh bien non, ces éléments, plus particulièrement le dioxyde de carbone (CO_2), restent dans la fine couche d'atmosphère qui enveloppe la Terre, la troposphère – seulement 10 kilomètres d'épaisseur moyenne – où il s'accumule depuis le début de l'ère industrielle. Et ce dioxyde de carbone agit dans l'air comme une serre qui piège une partie de la chaleur que la Terre reçoit du Soleil, entraînant ainsi le réchauffement climatique progressif.

Les premières mesures atmosphériques de CO_2 ont été réalisées en 1958 par l'Américain Charles Keeling à l'Observatoire solaire du Mauna Loa à Hawaï. Ce site est devenu la référence mondiale de la mesure en continu des concentrations atmosphériques de dioxyde de carbone, traduite par la fameuse courbe de Keeling. Depuis les premiers relevés, la concentration est passée de 320 parties par million (ppm) en 1958, à 420 ppm en avril 2021, soit une augmentation de 30 %, tandis que les mesures antérieures effectuées sur les carottes de glace et les sédiments marins ont mis en évidence une teneur en dioxyde de carbone de 280 ppm avant le début de l'ère industrielle. Nous sommes la « civilisation carbone » qui a presque doublé le taux en gaz carbonique de l'atmosphère en un siècle et demi.

Et nous atteignons aujourd'hui des pics d'émissions : en 2019, 43 milliards de tonnes (43 gigatonnes) de CO_2 ont été envoyées dans l'atmosphère[71]. Que devient cette masse colossale ? 46 % restent dans l'atmosphère où elle s'accumule, ce qui accroît inéluctablement le réchauffement climatique[72]. Le reste est absorbé par les réservoirs naturels : 21 % sont captés à terre par la photosynthèse des plantes (arbres, prairies, sols) et 33 % par les océans. Si on ajoute à cela que les surfaces océaniques absorbent 93 % de l'excès de chaleur, on peut dire que les océans gouvernent le climat de la Terre.

L'océan capture le CO_2 contenu dans l'atmosphère de deux manières : par dissolution dans l'eau de mer – la « pompe physique » –, et par la croissance du phytoplancton, des microalgues en suspension dans l'eau, c'est la « pompe biologique ». Penchons-nous d'abord sur cette dernière ; elle est alimentée par la photosynthèse, la capacité des microalgues à se nourrir du dioxyde de carbone dissout dans l'eau et qu'elles transforment en énergie nécessaire à leur croissance sous l'action de

71. Les émissions de CO_2 étaient de 15 milliards de tonnes en 1970, et de 25 milliards en 2000 d'après Global Carbon budget 2019.

72. D'après les travaux de F. Joss relayés dans le dernier rapport du GIEC, autour de 30 % seraient encore dans l'atmosphère 1 000 ans après, 55 % ayant été absorbé par l'océan et 15 % par la terre.

la lumière. C'est la « production primaire » qui se développe dans la partie éclairée de l'océan, jusqu'à environ 200 mètres de profondeur. Étonnamment, le plancton végétal ne représente qu'une petite fraction du carbone dans l'océan mais leur taux de renouvellement est très rapide, de quelques jours à quelques semaines. Notons que cette réaction photosynthétique libère autant d'oxygène qu'elle capte de carbone. Ainsi, grâce au phytoplancton, dont la biomasse est supérieure à celle des forêts, l'océan est le plus grand piège à CO_2 et le premier producteur d'oxygène, le « poumon bleu de la planète » en quelque sorte.

Le phytoplancton est la base du réseau alimentaire océanique. Il est brouté par le zooplancton, des petits animaux océaniques de la taille du micron à quelques centimètres, comme le krill. Les excréments, appelés « pelotes fécales », les cadavres et les squelettes de ces animaux planctoniques tombent sur le fond de l'océan où ils s'accumulent en sédiments. C'est ainsi que depuis des centaines de millions d'années, le carbone organique – l'élément constitutif de toute matière vivante –, est durablement séquestré au fond des océans.

En l'absence d'oxygène, ces sédiments se transforment progressivement en kérogène, un hydrocarbure à l'origine du pétrole. Par la poussée de la tectonique des plaques, responsable de la dérive des continents, le plancher océanique s'enfonce progressivement sous la croûte continentale. À des profondeurs entre 1 500 et 3 500 mètres, l'élévation de la température géothermique et de la pression transforme le kérogène en pétrole et en gaz. Ces combustibles que nous utilisons aujourd'hui trouvent leur origine dans une ère où les dinosaures peuplaient notre planète, il y a 150 millions d'années, d'où leur appellation de combustible fossile. Par la combustion de ces énergies, l'humanité a envoyé en un siècle et demi dans l'atmosphère le carbone stocké sur le plancher de l'océan depuis des centaines de millions d'années. On comprend donc que nous sommes largement en rupture avec le cycle de capture du CO_2 par la nature, en mer et à terre, d'où la saturation massive de l'atmosphère en gaz à effet de serre que cela engendre.

L'autre processus océanique de soustraction du dioxyde de carbone de l'atmosphère est la « pompe physique » par sa dissolution à la surface de l'eau. Chaque année l'océan capte de façon naturelle près d'une centaine de milliards de tonnes de CO_2 dans l'atmosphère, dont une partie de celui que nous émettons en excès. Ce carbone inorganique est conduit par les courants de surface vers les eaux froides polaires où, devenant plus dense, elles plongent, transportant le CO_2 dissout dans la circulation océanique profonde. Il y sera stocké pour plusieurs siècles.

Cette pompe physique qui régule la dissolution du CO_2 est d'autant plus efficace que la mer est agitée – tourbillons, vagues, embruns piègent l'air à la surface – et que la température de l'eau est basse. En effet, le dioxyde de carbone se dissout plus abondamment dans l'eau froide que dans les eaux tempérées. L'immense océan Austral qui entoure l'Antarctique répond à ces critères et absorberait à lui seul 50 % de la quantité de gaz carbonique capturé par l'ensemble des océans de la planète. Il serait donc le principal puits de carbone océanique dont on ne connaît pas la performance ; ce sera un des thèmes majeurs du programme de recherche de ma prochaine expédition *Polar Pod*.

Par ailleurs, l'hypercapture du dioxyde de carbone par cet océan n'est pas sans conséquence. Dans l'eau, le dioxyde de carbone se transforme en acide carbonique et acidifie l'océan. Ce phénomène croissant est préjudiciable pour tous les êtres aquatiques, des micro-organismes aux krills, qui ont une structure calcaire soluble dans l'eau acidifiée.

Si la pompe physique du CO_2 est performante, des études ont permis de constater que la pompe biologique de l'océan Austral est moins efficace qu'ailleurs et on en connaît la raison. Dans l'hémisphère Nord, aux mêmes latitudes, les mers et océans sont entourés de terres, de continents, et leurs eaux sont ensemencées par les poussières riches en sels minéraux amenés par les vents qui les traversent, notamment par les grands déserts comme le Sahara ou celui d'Arabie. Très isolé dans l'hémisphère Sud, l'océan Austral ne bénéficie pas de ces apports minéraux, et manque notamment du fer indispensable à la photosynthèse du phytoplancton. S'inscrivant dans les réflexions de géo-ingénierie climatique, des essais de fertilisation par l'ensemencement de poussières de fer ont été réalisés qui n'ont abouti à aucun résultat. D'autres projets de manipulation du climat, aux conséquences imprédictibles, proposent de disperser dans l'atmosphère des aérosols qui réfléchiraient les rayons du Soleil avant qu'ils n'arrivent sur Terre. Pour atténuer le réchauffement climatique, il n'y a qu'une seule solution : limiter les émissions de gaz à effet de serre, donc réduire rapidement la combustion des énergies fossiles, notamment le charbon, et préserver la nature, car la « pompe biologique », à terre comme en mer, est la seule à pouvoir recapturer par la photosynthèse le CO_2 envoyé dans l'atmosphère.

Le second rôle majeur de l'océan dans la régulation du climat est sa capacité à emmagasiner la chaleur (on l'a tous expérimenté, l'eau est plus chaude à la surface), et la redistribuer vers les eaux froides des hautes latitudes. Par exemple, les eaux chaudes et salées du Gulf Stream traversent l'océan d'ouest en est et remontent vers l'Arctique. En se refroidissant, elles deviennent plus denses et plongent entre le Spitzberg et le Groenland, d'où elles vont rejoindre le courant mondial des profondeurs abyssales où la température moyenne de l'eau est inférieure ou égale à 2 °C.

Cette circulation est appelée par les océanographes la circulation méridienne de retournement de l'Atlantique ou AMOC (Atlantic meridional overturning circulation). Une toute dernière étude, publiée le 5 août 2021 dans *Nature Climate Change,* met en évidence un ralentissement de cette circulation, conséquences de changements engendrés par le réchauffement climatique ; entre autres : l'augmentation de la température de l'eau, les apports d'eau froide et douce venant de la fonte des glaces du Groenland. On parle depuis une décennie du ralentissement du Gulf Stream qui est un des moteurs de l'AMOC ; la question est de savoir si cet affaiblissement est simplement une variation du système ou s'il s'agit d'une perte de stabilité dont les conséquences impacteraient essentiellement l'Europe et la côte est des États-Unis.

Les conséquences du réchauffement climatique sur l'océan nous mettent déjà à rude épreuve. On assiste à une montée progressive du niveau de la mer et à des perturbations du cycle de l'eau, des cyclones destructeurs aux sécheresses dramatiques entraînant l'exode des populations. En Atlantique Nord, les alizés, ces vents qui traversent l'océan d'est en ouest, poussent les eaux chaudes de surface des Canaries vers les Caraïbes où elles s'accumulent. Les habitants de la Guadeloupe et de la Martinique connaissent depuis toujours les tempêtes tropicales estivales, ces dépressions qui amènent des journées de pluies et de vents intenses. Elles sont alimentées par l'humidité atmosphérique produite par l'évaporation de l'eau chaude à la fin de l'été. Aujourd'hui, quand la masse d'eau accumulée sur l'arc caribéen atteint 27 °C sur une épaisseur de 50 mètres, il y a là une « bombe thermique » potentielle et certaines tempêtes tropicales peuvent passer au stade supérieur. On parle alors d'ouragan en Atlantique Nord et aux Caraïbes, de cyclone tropical dans l'océan Indien et le Pacifique Sud, et de typhon dans le Pacifique Nord-Ouest. Ces phénomènes cycloniques sont des machines thermodynamiques complexes sur le fonctionnement desquelles les chercheurs s'interrogent toujours. Cependant, alimentés par l'excès de chaleur de l'océan, on peut dire avec certitude que si leur fréquence n'augmente pas de façon évidente, leur intensité va progressivement se renforcer avec le réchauffement climatique.

En France, les pluies torrentielles, bien connues sous le nom d'épisodes cévenols et plus largement d'épisodes méditerranéens, sont des phénomènes météorologiques orageux avec des cumuls de pluies journaliers très importants. Phénomènes très anciens, ils se développent depuis toujours entre septembre et novembre dans le nord-ouest du bassin méditerranéen quand, à la fin de l'été, la surface très chaude de la mer connaît une forte évaporation. À la faveur du vent de sud-sud-est, cette chaude humidité est poussée vers le massif des Préalpes, les Cévennes, la Montagne Noire ou les Pyrénées-Orientales. En se refroidissant en altitude, elles provoquent des précipitations qui, avec plus ou moins de débit, reviennent à la mer par le lit des rivières. Des inondations dramatiques jalonnent l'histoire de ces régions, mais force est de constater que plus la Méditerranée se réchauffe, plus les épisodes méditerranéens s'intensifient jusqu'à devenir catastrophiques.

Quel futur nous prédit le GIEC (Groupe d'experts intergouvernemental) sur l'évolution du climat dans son dernier rapport d'évaluation paru en août 2021 ? Dans l'idéal, le réchauffement climatique ne devra pas dépasser 1,5 °C dans ce siècle, ce qui est un énorme objectif. Est-il atteignable ? Pour cela, il faudrait très vite atteindre le point d'équilibre, c'est-à-dire que les émissions anthropiques de CO_2 soient entièrement compensées. Posons le problème : économies d'énergie + énergies décarbonées + absorptions de dioxyde de carbone par la nature = zéro émission nette, soit la neutralité carbone pour l'atmosphère. C'est l'équation ambitieuse que nous devrons résoudre dans les trois prochaines décennies.

Pour cela, quelle que soit sa position, chacun doit être inventif, généreux, tolérant, collaboratif, transformer dans la bonne humeur les contraintes à venir en un nouvel art de vivre.

L'océan, la nature ont besoin de l'attention de chacun de nous pour que notre planète demeure viable. Aujourd'hui on est dans l'urgence, chacun doit s'appliquer à être efficace sur sa zone d'influence.

XXX

Polar Pod, ma cathédrale

Courant Circumpolaire Antarctique, départ 2023

C'est en lisant entre les lignes des articles et des publications sur l'océan Austral que l'idée de cette expédition m'est venue. Tous se terminent par une attente : la nécessité de mesures *in situ* de longue durée. Si loin, si rude, si immense, l'océan Austral qui entoure le continent antarctique est encore mal connu malgré les bouées automatiques, les satellites et les animaux équipés de capteurs. Cet océan, qui réunit les eaux de l'Atlantique, de l'Indien et du Pacifique, fait le tour du monde en embrassant le continent de glace. Les campagnes y sont rares et se font principalement en été. Alors comment séjourner toute l'année dans de bonnes conditions de sécurité et de confort sur cet océan de tempêtes, que les marins ont baptisé les « cinquantièmes hurlants » ? Il y avait là matière à inventer une nouvelle forme de vaisseau et je me lançai dans ce nouveau défi technologique passionnant.

Ma première réflexion me conduisit à imaginer un très grand flotteur, une chambre à air de 100 mètres de diamètre, assez grande pour reposer sur trois systèmes de vague, ce qui lui donnerait sa stabilité horizontale. Au centre de cette bouée géante, un cylindre métallique de 50 mètres de hauteur sur 10 mètres de diamètre, une partie aérienne habitable de 25 mètres et l'autre moitié immergée. Cette colonne centrale serait arrimée au flotteur gonflable par des rayons de haubans tendus de part et d'autre de la flottaison. Je soumis l'idée à Laurent Mermier qui dirige le cabinet d'architecture navale Ship-ST mais il ne m'encouragea pas dans cette voie. Il retint cependant l'idée du flotteur vertical qu'il faudrait travailler en s'appuyant sur le principe du FLIP américain (*Floating Instrument Platform*) : un long tube de 90 mètres dont l'extrémité habitée en forme d'étrave permet de le tracter en mer à l'horizontale et qui, une fois sur zone, bascule à la verticale par ballastage. Cette plateforme silencieuse, construite par l'US Navy en 1962, a servi à l'écoute des sous-marins dans le Pacifique pendant la Guerre froide.

Renseignements pris, la plateforme était toujours exploitée par le Scripps, le centre océanographique de San Diego. San Diego ! Ce nom ranima de beaux souvenirs. J'avais séjourné quelques jours sur le campus de l'université de Californie de San Diego perché dans un bois d'eucalyptus qui domine l'océan. Des étudiants allaient en cours en *skate-board*, d'autres avec leur planche de surf sous le bras. Fascinant. C'était en 1973, je séjournais à San Francisco, je voulais passer l'équivalence américaine de mon doctorat en médecine. San Diego se trouvait à nouveau sur la trajectoire des possibles et je me souviens de l'instant magique où la décision a été prise de partir s'installer en Californie. C'était en avril 2010, nous descendions en voiture dans le Tarn passer une semaine de vacances en famille. Pendant que je racontais l'histoire du FLIP, Elsa était déjà partie en exploration sur son téléphone portable.

– Jean-Louis, il y a une école franco-américaine, c'est génial, il faut aller vivre à San Diego.

Elliot et Ulysse avaient neuf et six ans, l'âge idéal pour acquérir une nouvelle langue. Le 15 août, visas en poche, nous décollions pour la Californie avec deux sacs de voyage par personne et un point de chute, une réservation dans un motel de la banlieue de San Diego. C'est ainsi que *Polar Pod* a commencé sa dérive.

– Vous, Monsieur Étienne, j'ai l'impression que vous êtes déterminé à construire un nouveau FLIP. Je dis ça, car ici au Scripps, nous avons déjà reçu plusieurs personnes intéressées par cet « *unorthodox* » vaisseau selon ses termes ; des Norvégiens, des Japonais, mais c'est toujours resté sans suite. Il faudra que vous rencontriez Luc Lenain du Scripps, c'est l'ingénieur en charge des programmes scientifiques depuis quelques années, il sera de bon conseil ; il est d'origine française.

Les paroles de Will Gaine, capitaine de l'US Navy à la retraite, étaient encourageantes, et je réalisais avec soulagement que venir s'installer en famille à San Diego était la bonne décision.

Avec l'aval des autorités – ce vaisseau appartient aux sous-mariniers de l'US Navy –, le commandant Tom Golfinos me fit visiter tous les compartiments du FLIP qui était allongé le long du quai. Tom était en charge des basculements et j'écoutais avec attention le récit de la manœuvre. Il en avait fait 349 et affirmait qu'aucune n'était jamais la même. J'eus aussi accès aux plans et, avec l'autorisation de Tom, je pus les scanner et les envoyer à Ship-ST à Lorient. Luc Lenain fut effectivement de bon conseil sur les améliorations à apporter à une nouvelle génération de FLIP. À l'ambassade de France à Washington, Marc Magaud, en charge des questions environnementales, m'invita à rencontrer François Delattre[73]. L'ambassadeur fut séduit par ce projet, témoin de l'audace technologique et scientifique française. Marc organisa une série de rencontres pour présenter le projet à quelques universités américaines. Tous me demandaient : « Qu'est-ce qu'on peut faire ensemble ? »

Après deux années passées en Californie, je revins en France avec des lettres d'intérêt de grandes institutions : MIT, NOAA, Scripps, NASA, Caltech, Georgia Tech... Je présentai le projet aux institutions françaises, Ifremer, CNRS, INSU, CNES, LSCE. Certes, les scientifiques français connaissent l'océan Austral, notamment dans le secteur de l'Indien où le *Marion Dufresne* avitaille les terres australes françaises – îles Kerguelen, Crozet, Saint-Paul et Amsterdam –, mais *Polar Pod* offrait un accès permanent à cet océan durant les quatre saisons et sous toutes les longitudes, ce qui n'avait encore jamais été proposé aux chercheurs. Séverine Alvain, chargée de médiation scientifique pour le CNRS et l'INSU, s'est tout de suite engagée, avec compétence, passion et persévérance, dans la coordination d'un programme scientifique. L'expédition est pilotée par un comité scientifique – Ifremer, CNRS, CNES, INSU. Elle réunit 43 institutions et universités de 12 pays, autant dire que le *Polar Pod* sera un arbre de Noël de capteurs sous la responsabilité de quatre ingénieurs scientifiques qui

73. François Delattre a été ambassadeur au Canada (2008-2011), puis aux États-Unis (2011-2014) et représentant permanent de la France aux Nations unies. Il est secrétaire général du ministère de l'Europe et des Affaires étrangères depuis le 1er juillet 2019.

en assureront le bon fonctionnement pour l'acquisition et la transmission des données.

Un axe important du programme d'étude de l'expédition Polar Pod est la mesure des échanges atmosphère-océan, notamment celui du CO_2. Avec 80 mètres de tirant d'eau et 150 tonnes de lest, le *Polar Pod* est très stable verticalement, son impact sur l'air et l'eau environnante est très limité, ce qui va permettre d'obtenir des mesures d'une grande précision. Sans motorisation, entraîné par le courant circumpolaire et les vents d'ouest, alimenté en énergie par six éoliennes de 3 kW, *Polar Pod* est un navire « zéro émission ». Silencieuse, cette plateforme sera équipée d'hydrophones – des micros sous l'eau – d'une grande sensibilité pour capter l'univers sonore sous-marin. On connaît la signature sonore de toutes les espèces et l'écoute en continu permettra de réaliser un inventaire de la faune marine par acoustique passive aux quatre saisons pendant les deux circumnavigations de l'Antarctique. Ce recensement constituera un ensemble de données de référence pour la CCAMLR qui attribue les quotas de pêche de l'océan Austral sur la foi des mesures d'inventaire.

Où en est-on ? Depuis dix ans, Laurent Mermier et Antoine Tourtellier du bureau d'architecture et d'ingénierie navale Ship-ST de Lorient ont fait preuve d'inventivité et de talent pour concevoir ce « navire vertical ». Avant d'affronter les Cinquantièmes hurlants, nous avons testé des maquettes au bassin à vague d'Ifremer et de l'École centrale de Nantes, ce qui a mis en évidence la stabilité verticale du *Polar Pod*. L'agence de certification nous a demandé d'être capables d'affronter la vague cinquantennale, la plus grosse vague dans une période de 50 ans, une vague virtuelle que les marins n'ont encore jamais vue (ou ils ont été engloutis) : elle s'élève à 38 mètres de creux à crête et arrive toutes les 18 secondes pendant un ouragan de trois heures. Pour ce test, nous avons réalisé une nouvelle maquette à l'échelle de la plus grande vague que le bassin pouvait produire. Résultat, en situation extrême, le *Polar Pod* se couchera et se redressera, tel un culbuto.

Il s'agit bien sûr d'une construction très innovante, d'une grande audace technologique. L'audace est un engagement au-delà de la frontière de l'expertise et je salue les instances administratives, la commission de sécurité de la Marine marchande, le Bureau Veritas, la commission d'analyse des risques, qui ont embarqué avec nous sur ce projet hors norme. Hors norme aussi le financement pour cette mission digne de Jules Verne, un partenariat public-privé, l'État français finance la construction, Ifremer est maître d'ouvrage, et il m'incombe de réunir les fonds auprès d'entreprises et de mécènes pour financer l'expédition. Un travail de recherche aussi ingrat que l'auto-stop quand on patiente sur le bord de la route, convaincu d'être « quelqu'un de bien ». Heureusement, nombreux se sont arrêtés, ont prêté une oreille attentive et se sont engagés à nos côtés pour cette exploration à vocation scientifique et pédagogique sur des questions environnementales majeures : le climat, la biodiversité marine et l'impact anthropique sur les océans.

Polar Pod effectuera deux tours de l'Antarctique entre les latitudes 50° S et 55° S. Cette expédition australe inédite devrait durer trois ans ! Ravitailler le navire et assurer les rotations dans cette région du monde difficile d'accès est un réel défi. L'équipage – trois marins, quatre scientifiques et une personne responsable de la cuisine et de l'intendance –, sera relayé tous les deux mois à l'aide d'une goélette de 40 mètres spécialement construite pour cette aventure de longue haleine, la bien nommée *Persévérance*. Au départ du port le plus proche – Port Elizabeth en Afrique du Sud, Le Port à La Réunion, peut-être Port-aux-Français sur les îles Kerguelen, ou encore Perth, Melbourne, Hobart, Christchurch, Ushuaïa –, les relèves et l'avitaillement se feront dans les « cinquantièmes hurlants » sur les océans Indien, Pacifique et Atlantique. La manœuvre s'apparentera aux relèves des gardiens de phare en pleine mer. *Persévérance* est équipée à l'arrière d'une plateforme inclinée pour faciliter la mise à l'eau et l'embarquement de l'annexe qui viendra se placer à la verticale en bout d'aile du *Polar Pod*, d'où l'équipe, les vivres et les colis seront treuillés.

Après dix années d'une gestation assidue, le départ dans le Courant Circumpolaire Antarctique est prévu au dernier trimestre 2023. Ce « navire vertical », ambassadeur de l'audace technologique et scientifique, battra pavillon français.

ÉPILOGUE

En dépit de mes doutes j'ai fait tout au long de ma vie le choix de la route qui n'existe pas. Laisser aller ma vraie nature et cultiver un présent intense, la seule unité de temps à notre portée.

Après une formation de tourneur-fraiseur, un internat en chirurgie, un poste d'assistant d'université et quarante années à bâtir des expéditions lointaines, je sais d'expérience que si l'on persévère sur son chemin, la vie fait le reste pour vous. Le hasard s'organise quand on est prêt à le recevoir.

Je ne suis pas une exception, nous sommes tous porteurs d'imagination, de talents, de vigueur, de courage que l'on ignore. Nos rêves sont en nous, souvent oubliés, endormis, méconnus, encore à découvrir ; les réaliser est un choix de vie. Oser clôturer l'acquis pour de nouvelles expériences est toujours un enrichissement qui requiert du temps, du travail, de la persévérance. Le découragement est un test permanent à franchir, sinon rien de grand en soi ne se réalise. La liberté d'inventer sa vie ne se gagne pas sur les autres, mais sur ses propres engagements à la préserver, tout le reste n'est qu'alibi.

Que mon parcours soit une source d'inspiration pour la jeunesse, un modèle d'audace, un encouragement à croire et à exprimer ses convictions, ses envies, ses ambitions, serait ma plus belle récompense.

Soyez les explorateurs engagés de votre temps pour être les acteurs du monde de demain.

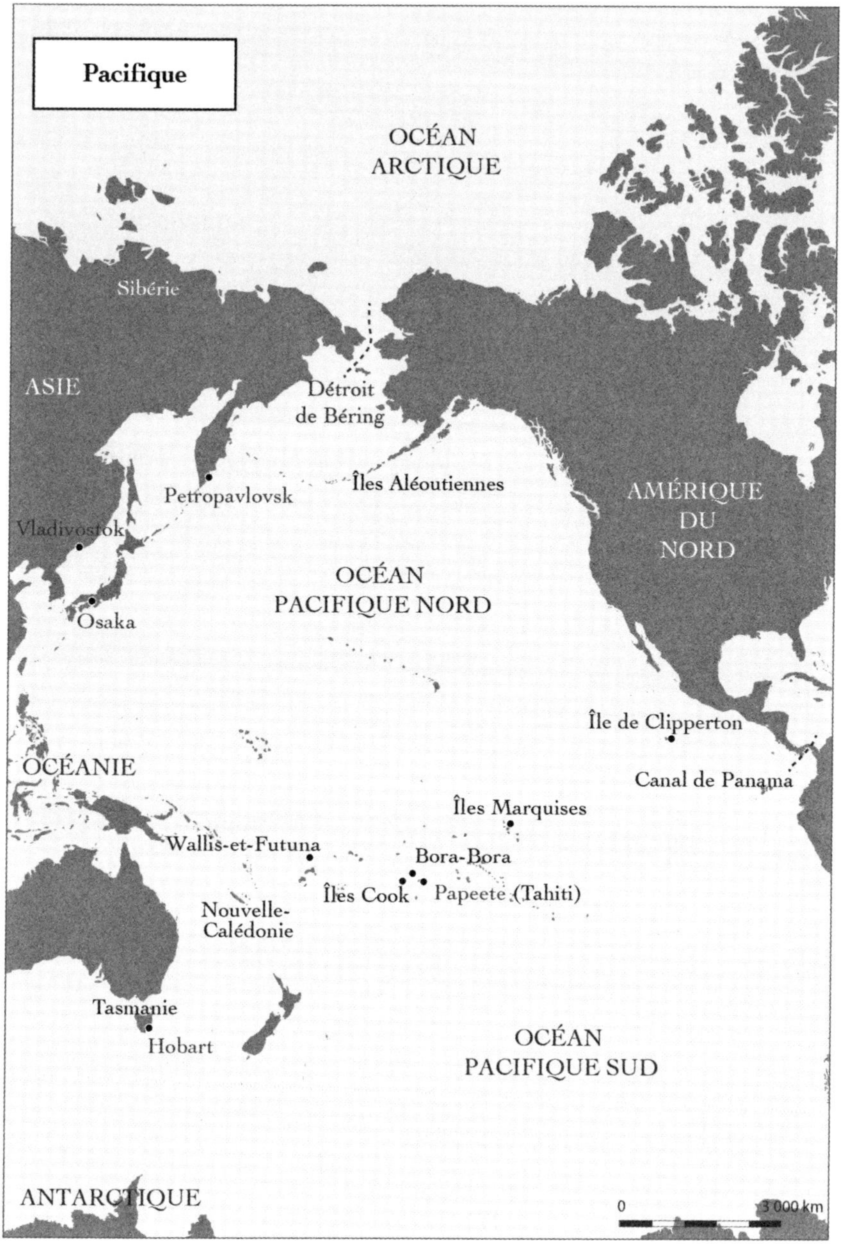
Pacifique
OCÉAN
ARCTIQUE
Sibérie
ASIE
Détroit
de Béring
Petropavlovsk
Îles Aléoutiennes
Vladivostok
Osaka
OCÉAN
PACIFIQUE NORD
AMÉRIQUE
DU
NORD
Île de Clipperton
Canal de Panama
OCÉANIE
Îles Marquises
Wallis-et-Futuna
Bora-Bora
Îles Cook
Papeete (Tahiti)
Nouvelle-
Calédonie
Tasmanie
Hobart
OCÉAN
PACIFIQUE SUD
ANTARCTIQUE
0
3 000 km

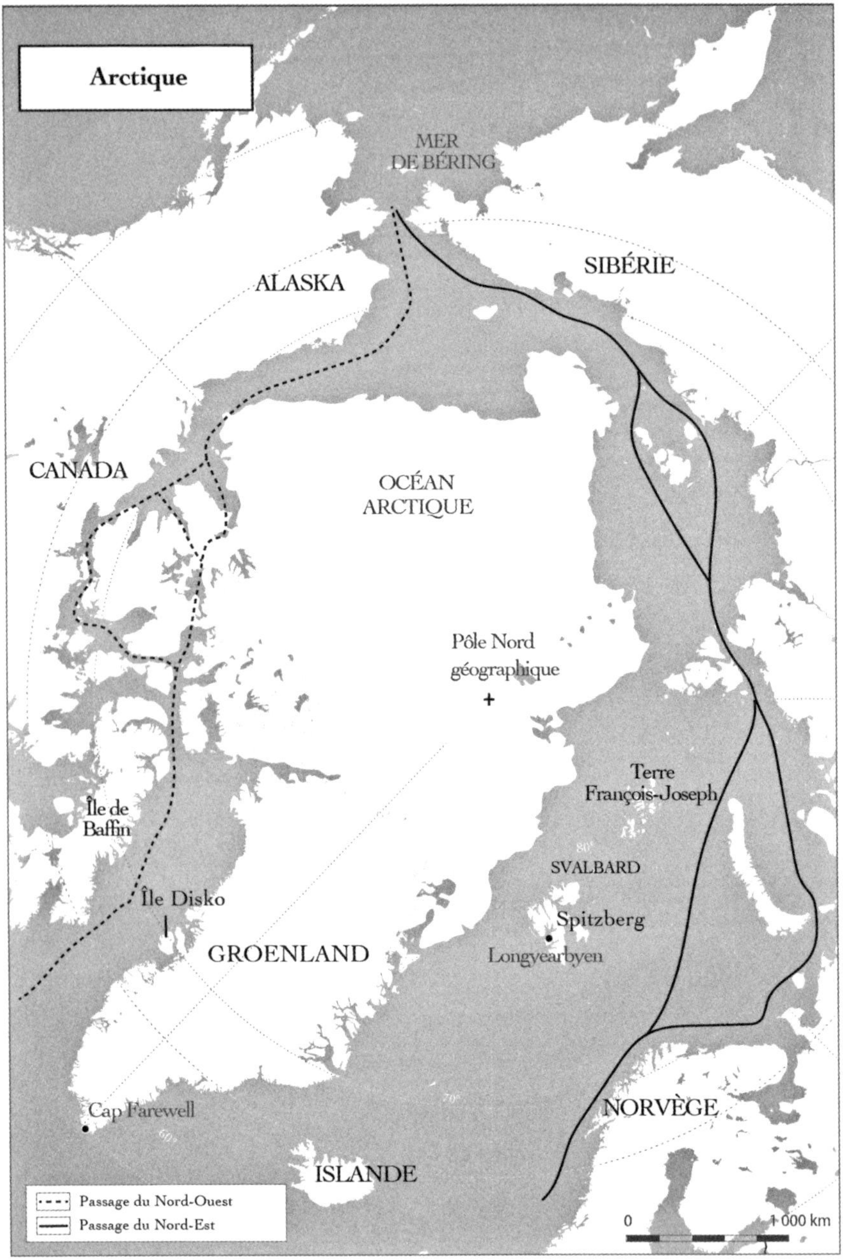
Arctique
MER
DE BÉRING
ALASKA
SIBÉRIE
CANADA
OCÉAN
ARCTIQUE
Pôle Nord
géographique
Terre
François-Joseph
Île de
Baffin
SVALBARD
Île Disko
Spitzberg
GROENLAND
Longyearbyen
Cap Farewell
NORVÈGE
ISLANDE
Passage du Nord-Ouest
Passage du Nord-Est
0
1 000 km

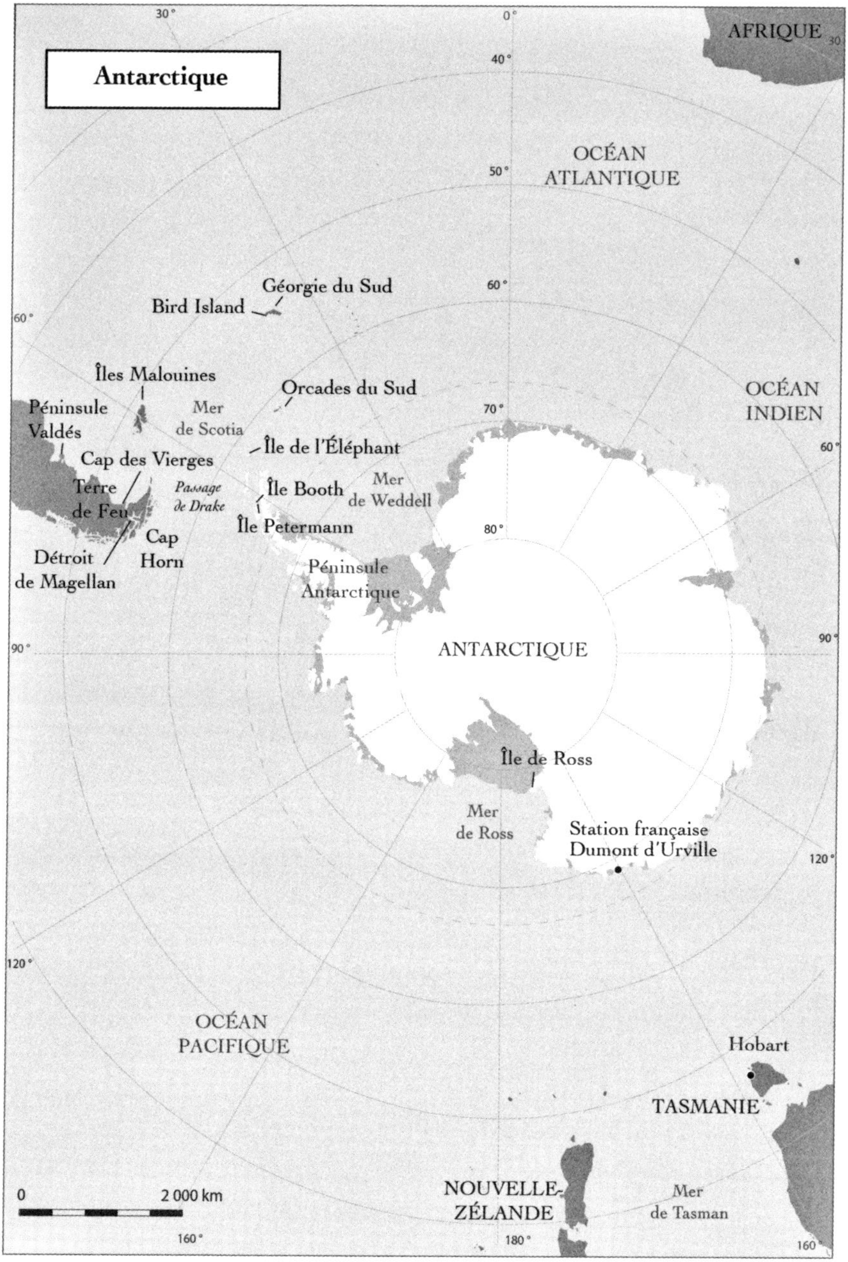
Antarctique
AFRIQUE
OCÉAN ATLANTIQUE
OCÉAN INDIEN
Géorgie du Sud
Bird Island
Îles Malouines
Orcades du Sud
Péninsule Valdés
Mer de Scotia
Île de l'Éléphant
Cap des Vierges
Terre de Feu
Passage de Drake
Île Booth
Mer de Weddell
Île Petermann
Cap Horn
Détroit de Magellan
Péninsule Antarctique
ANTARCTIQUE
Île de Ross
Mer de Ross
Station française Dumont d'Urville
OCÉAN PACIFIQUE
Hobart
TASMANIE
NOUVELLE-ZÉLANDE
Mer de Tasman
0
2 000 km
0°
30°
40°
50°
60°
70°
80°
90°
120°
160°
180°

Table des matières

Achevé d'imprimer par Ermes Graphics
à Turin (Italie), en septembre 2021
Dépôt légal : octobre 2021
ISBN : 978-2-37502-108-8